柿原　泰・加藤茂生・萩原優騎 編

村上陽一郎の〈科学・技術と社会〉論

その批判的継承と発展

村上陽一郎
市野川容孝
小松　美彦
斎藤　　光
林　　真理
廣野　喜幸
藤垣　裕子

新曜社

はじめに

村上陽一郎は、日本における科学史・科学哲学の研究を長年にわたって牽引し、さらに、科学・技術と社会の関係、そしてそのあるべき姿を深く洞察した議論を世に問うてきた。村上はその学術的な著作によって学界に大きな影響を与えてきたほか、一九六八年刊行の『日本近代科学の歩み――西欧と日本の接点』（三省堂新書）以来、一般向けの著作も多数刊行しており、それらの著作は幅広い読者を獲得してきたと言える。近年の例としては、新型コロナウイルスが猛威をふるい、世界的な感染拡大（パンデミック）をもたらし始めた頃、ヨーロッパ中世のペスト（黒死病）の歴史を著した村上の著書『ペスト大流行』（岩波新書、一九八三年）が再び注目を集め、同じ岩波新書から『コロナ後の世界を生きる』（二〇二〇年）と題する論集を編著者となって刊行したことが記憶に新しい。村上はアカデミズムの世界で科学史・科学哲学の研究をリードしてきただけでなく、科学・技術に関する現代日本のオピニオン・リーダーとしても一頭地を抜く存在であり続けてきたのである。村上の活動は、学術的な知見を社会に還元し、現代日本における科学・技術に関する議論を深める貴重な指針を提供するものであったと言えよう。本書は、そのような村上陽一郎の学問を批判的に継承し、現代社会における科学・技術の役割を多角的に考えるための対話的な場を設けることを目的として企画された。

この目的を本書と共有する著作として、二〇一六年に新曜社より刊行された『村上陽一郎の科学論

――批判と応答』（柿原泰・加藤茂生・川田勝編。以下、「前著」と略記する）があり、本書はその続編にあたる。前著においては、一九九〇年代半ば頃までの村上の著作を主たる検討の対象としたが、本書では、主にこの時期以降の村上の業績を検討し、日本における今後の科学論のさらなる発展に寄与することを試みている。

本書の企画の発端となったのは、前著の刊行に合わせて二〇一六年一二月二四日に東京大学で開催された「村上陽一郎先生　傘寿のお祝いの会」である。同会では村上のこれまでの業績を振り返り、前著における議論を深めることができた。それとともに、まだ十分に問われていない論点が数多く存在することが浮き彫りになった。この認識を共有した有志が集まり、前著の続編として本書の企画立案が行われることとなった。企画立案に参加したのは、柿原泰（東京海洋大学）、加藤茂生（早稲田大学）、小松美彦（東京大学）、斎藤光（京都精華大学）、萩原優騎（東京海洋大学）、林真理（工学院大学）、廣野喜幸（東京大学）である（五十音順）。

村上の研究は、一九八〇年代までは科学史・科学哲学を中心に展開されていた。そして、前著が主たる検討対象とした時期の終わりにあたる一九九〇年代半ば頃は、村上の議論が科学史・科学哲学を中心とするものから科学・技術と社会の関係をめぐる問いへと重点を徐々に移していった時期であった。そのため、前著ではそのような村上の研究の重点の移行についての議論は行われていたものの、その時期以降の村上の著作について十分には検討が加えられていなかった。そこで、本書では近年までの村上の著作に見られる新たな論点や課題を掘り下げるとともに、科学史・科学哲学を中心に展開されていた時期の研究とそれ以降の時期の研究との関係についてもより深く検討しようとした。そうしなければ、村上の学問の全貌に迫ることはできないと考えたからである。

本書の企画立案においては、まず、村上の科学論のなかの、本書で取り上げるべき論点の特定を行った。一九九〇年代半ば以降の村上の研究の重要な項目として、「医療論」「安全学」「寛容論」「教養論」「STS（科学・技術と社会）」が挙げられた。また、前著においては、科学史に関わる村上の業績を対象として多くの議論が行われていた一方で、村上の科学哲学に関しては未だ十分に論じられていない論点が存在するように思われたことから、科学哲学も改めて検討することとした。

そこで、上記の各項目の研究を実践し、かつ、村上の議論自体にもよく通じている研究者を、本書の各章の著者として選定した。安全学に関しては市野川容孝氏（東京大学）、教養論およびSTSに関しては藤垣裕子氏（東京大学）に執筆を依頼した。それら以外の項目に関しては、企画立案に携わった林が医療論、萩原が寛容論、廣野が科学哲学に関する執筆をそれぞれ担当した。加えて、村上の著作における議論の背景や経緯について、村上にインタビューを実施し、本書に含めることとした。

もちろん、村上による研究の対象が多岐にわたることや、その著作が膨大な数に及ぶことから、前著に加えて本書を刊行したところで、村上の科学論を論じ尽くしたなどとは到底言えないだろう。しかし、前著ならびに本書での検討を通じて、村上の研究の意義と、残された課題が鮮明になることと思う。編者としては、これらの検討が、今後、村上の研究の継承と発展の一助になることを望んでいる。例えば、村上の様々な研究の背景に問題意識として存在するのではないかと思われる「不確実性」という概念について、村上の議論に即して、編者なりの認識を以下に記してみたい。

現代社会においては至るところで「不確実性」に直面する事態が生じており、科学・技術と社会の関係においても「不確実性」があると言える。すなわち、科学・技術が高度に発達し大規模化した状況下では、それらが社会にもたらす影響の予測や制御が困難な場合がある。現代社会では、そのような「不確実性」を受け入れた上で科学・技術との関係を築いていかなければならない。そうした現状に対処する処方箋を検討する上で、村上の議論は大いに参考になるのではないか。「不確実性」があるなかでは、普遍的な唯一解を得ることは難しい。それゆえ、現時点での認識や決定を絶対視せず、他の選択肢を選ぶ余地を探る意義があることを、村上は歴史的かつ理論的に考察している。その村上の考察は、今後の科学・技術と社会の関係を考える上での探照灯となるであろう。

編者の力不足により、本書の刊行までには当初予定していたよりもかなり多くの時間を費やすこととなった。出版事情の厳しいなか、前著に続いて本書の企画をご快諾くださった新曜社に、そして遅々として進まない編者の作業を辛抱強くお待ちくださり適切な編集を進めてくださった新曜社編集部の渦岡謙一氏に、この場を借りて改めてお詫びと感謝の意を表したい。また、村上には自身の研究の「批判的継承」という趣旨を理解していただき、刊行に至るまでの過程で多くの配慮と尽力を賜ったことに、心から御礼申し上げる。

二〇二五年二月

編者

村上陽一郎の〈科学・技術と社会〉論——目次

装幀――新曜社装幀室

凡例

・本文中での村上陽一郎の単著書の書誌情報は、原則として、省略した。詳細については、巻末の主要著作リストに記載されている。
・引用文中での引用者の注記は、〔 〕で括って表記した。

あらためて自らの学問を振り返る（インタビュー）

村上陽一郎
（聞き手　斎藤光・小松美彦・柿原泰・
廣野喜幸・萩原優騎・林真理・加藤茂生）

村上陽一郎がこれまでに世に送り出してきた著作は、膨大な数に及ぶ（詳細は巻末の「主要著作リスト」を参照）。主に二〇〇〇年代以降の著作では、村上は半生を振り返り、自身という存在がどのように形作られてきたのかということを様々な機会に論じてきた。その一つが、前著『村上陽一郎の科学論――批判と応答』に収録の「学問的自伝」である。そこでは、自身の「知的遍歴の前提となることがら」に焦点を合わせて、出生から同書刊行時までの出来事が詳細に記述されている。

村上の知的・学問的歩みについて、また村上の著作における議論の背景や経緯について、前著などの記述と一部重複するところもあるだろうが、同時代の社会状況や学問・思想との関係も含めて、より掘り下げたいと考え、村上へのインタビューを実施し、本書に含めることとした。

インタビューの実施に先立ち、本書の企画立案に関わった七名（柿原泰、加藤茂生、小松美彦、斎藤光、萩原優騎、林真理、廣野喜幸）で質問事項を検討・作成し、あらかじめ村上に送付した。インタビューは、オンライン会議方式で二回実施し、第一回（二〇二一年一二月一九日）のインタビューを第I部、第二回（同年一二月二三日）のインタビューを第II部とした。インタビュー当日は七名全員が参加し、司会進行および用意していた質問の聞き手を斎藤が務めた。あらかじめ用意していた質問項目は、以下の記録において太字で記載されているものである。（編者）

I

学生時代の社会状況と学問・思想

――（斎藤）　質問は次のように時代ごとに三区分して進めてまいります。

①学生時代（一九五〇年代後葉〜六〇年代中葉）

②研究活動開始から東京大学教養学部科学史科学哲学教室教員時代（一九六〇年代中葉〜八〇年代末葉）

③同大学先端科学技術研究センター異動から現在（一九八〇年代末葉〜現在）

まず、一九五〇年代後半より六〇年代半ばまでの学生時代のことから伺いたいと思います。

「東京大学に入学されたころの大学と社会の状況（六〇年安保を含む）に対する、全体的な認識と具体的な関わりをお聞かせください。また、当時の日本の文化潮流（加藤周一、三島由紀夫、石原慎太郎、大江健三郎など）や、学問潮流（大塚久雄、丸山眞男、京都大学人文科学研究所〔今西錦司、貝塚茂

樹、桑原武夫、会田雄次ら〕、思想の科学研究会など）に対する、認識・評価はいかがだったのでしょうか。あるいは、とくに影響を受けた国内外の文化人や思想家や研究者は存在したのでしょうか。」

村上　六〇年安保には私は直接関わる立場にはなかったのですけれど、樺美智子さんが国会前で亡くなったという非常にショッキングな事件がありました。私は一九三六（昭和一一）年生まれで、一九五五（昭和三〇）年に高校を卒業しました。しかしその後、胸を患って、一年間はほとんど寝ていました。一年たって受験をしようと思ったのですが、そのときはまだ準備がうまく整っておらず、結局一九五七（昭和三二）年に入学したわけです。今でいう文三（文科三類）、当時の文二（文科二類）です。

ところが、そのころは大学に入るときに、自分で用意した胸のエックス線写真を提供しなければなりませんでした。おそらく大学で全部やるのは大変だったのだろうと思います。そこで写真を提供したところが「命休」、つまり休学を命じられることになりました。

私の入ったクラスの担任は山下肇先生という、独文学者で、「わだつみ会」の事務局長もしていらっしゃった方で、結構いろんなところでご活躍の有名人でした。その山下肇先生のクラスだったのだけれども、命休で、一年間は大学へ出てくるなという、いわば大学のほうからの禁令が発せられたわけです。したがって結局、他の人から比べれば三年遅れてるのかな。

一浪目は寝ていて、二浪で大学に入って、入った年が命休だったってことになります。だから、今でもそのときのクラス会に呼んでもらったり、もともと結構親しくなった友人たちもいますけれど、命休明けの次の年のクラスでようやく大学に通学し出席しました。

ですから六〇年安保といっても、こちらは文字通り病気のようやく回復期でした。何せ私のちょっと前までは、肺結核には栄養と大気と安静という三大療法だけでした。薬は何もない。十分に栄養を摂って、十分に休養して、そしていい空気のところで過ごすしかない。いい空気のところとはサナトリウム、つまりトーマス・マンの『魔の山』に出てくるような山の中のホテルまがいのものがありましたが、そこへ行って安静にできるのはお金持ちだけ。普通、われわれは入院せずに、安静の場所は自宅でした。だいたい、大学へ行っても、帰ってくると午後二時間ぐらいはベッドで寝ているというような有様でした。

皆さん方もご存じかもしれませんが、体育実技には見学組というのがありました。私は体育実技は一切免除で、皆がボールゲームなどをやっているときに、周りでひたすら見ているだけ、そういう扱いを受けていました。

そんな状態でしたから、六〇年安保に私はほとんど関わっていません。しかし、先程言ったように、樺さんが亡くなったことは非常にショッキングで、自分もそういう立場に立つ可能性があったんだなという思いをかみしめた覚えはあります。

ただ、世相からいえば、単独媾和か全面媾和かという、そういう選択肢が政治の世界を席巻していました。おわかりのとおり全面媾和は、どちらかといえば非政府系の人たちが主張していた。当時のソ連との交戦状態をいつ終わらせるか、ソ連邦との媾和を後回しにすべきでないという立場。それに対して単独媾和ではないが、どちらかといえば駐留軍関係の諸国との間の媾和をするかどうかという、この二つです。

私は正直なところ、かなり率直に言うと、ソ連に対してはほとんど同情を持っていませんでした。理由ははっきりしています。私の母方の義理の叔父が、実はハルピン学院を修了してロシア語がペラペラで、ここではちょっとタブーのところもあるので細かい話は一切しませんが、つまりシベリアでひどい目に遭ったわけです。

そもそも、あのソ連の参戦は火事場泥棒だと私は今でも思っています。あそこで漁夫の利を占めたというソ連のやり方に対しては。しかし一方でいうと、当時のいわゆるリベラル派の人たちは、なんでもソ連がよかったんです。これは本当に皆さん信じるかどうかわからないけれども、核兵器、原爆でさえ、ソ連の製造したものはきれいである。労働者が造ったのだからきれいである。アメリカの原爆は資本層が造ったのだから汚れている。そのような議論が真面目に行われていたわけです。

これは林真理さんの分野だけど、例のヤロビザーチャがソ連から入ってきて、進歩的と称する長野県などの農家は、それを実践しようとして、ヤロビ農法という言葉を使って試みました。基本的にはあれは小麦の春化処理、春撒きにするという方法です。そういうものも、いわゆる進歩派の人たちが圧倒的に担いでいて、そのような世相に対して私自身は、やっぱりソ連への不信感から背を向けたということは、正直なところあります。この思いはいまだに続いているかもしれません。

だからアメリカがいいかというと、私は必ずしもそうではなかった。アメリカを主体とした駐留軍のやり方に対して唯々諾々と従わざるをえないという状況はあったにせよ、私はそれにもかなり反発はしていました。でも、世相の一番基本的なところのわかれ目は、全面媾和か単独媾和か、それが政治課題として最大の課題だった時代でした。

そういう状況を背景にした世相と私個人の姿勢とは、以上のようなところです。本当に身体的にやむをえず、まったく何の活動もできなかった。体を動かすことがタブーでしたので、実際に何もすることができなかったという思いは今でもあります。

私の、どちらかというと、いろいろな運動に対して一切背を向けるという、皆で盛り上がってワァッと行こうということに対しては、戦時中の日本の状況も反面教師になっているのは当然のことなのですが、すべてのアクティヴィティに対して私がかなり冷めた目でずっと見つづけた、あるいは冷めた姿勢で臨みつづけた理由は、おそらく病気も一つあると思いますが、そういうところにあると思うのです。

では、思想的に影響を受けた人は誰かといわれると、みんなそんなに信用していませんでした。例えば南原繁さんが東大学長のころに、吉田茂だったと思いますが、全面媾和を唱えていた南原さんに対して「曲学阿世の徒」という言葉を浴びせかけたのは、これは伝説みたいになって残っているかもしれませんが、私は実際に新聞でそれを読んだ記憶があるのです。

要するに学問の姿勢、学問的な立場を曲げて世におもねった発言であるというような言い方です。私は吉田さんを必ずしも支持していたわけではなく、私の父親も非常に激しい姿勢で彼をののしっていた覚えがあります。吉田さんの特に後半、政治を司ってからの後半の吉田さんの姿勢は、非常に私にとっては相容れないものでした。しかし、媾和の問題に関しては南原派を取るわけにはいかなかった。南原さんという人に対する信頼性はあったかもしれないのですけれど。

というのも、いろんなところで書きましたからおわかりだと思いますが、私が小学校のときの先生が内村鑑三派の最後のお弟子さんで、内村さんと直接出会えた最後の人々の一人であったこともあり、大変熱烈な内村信仰を持った人でした。彼は日曜学校で小さな小さな集まりを持っておられて、私は小学生から中学生にかけては、かなりアウトサイダーでしたけれども、とにかくそのグループに入っていたこともありました。矢内原忠雄先生をはじめ当時の東大のお偉方には内村シンパも多かったのです。先程出た「思想の科学」でいえば、市井三郎さんなど何人かの方々とは、もう少したってから直接知り合いにもなりましたし、鶴見和子さんとはわりあいうちの近所、吉祥寺に住んでいらしたこともあって、親しくさせていただきました。でも、「思想の科学」に入ろうと思ったことはないかな。だいたいまだ若造でしたから、そんなことを考える立場でもなかったでしょう。

――（斎藤）とくに読んでいらした雑誌、かなり関心があった雑誌はあるのでしょうか。例えば思想の科学研究会も、『思想の科学』という雑誌を出していました。

村上　『思想の科学』は定期購読はしていなかったけれども、おそらく大学で必ず読んでいたんじゃないかな。とにかく私が高校三年の時に親父が死んで、収入がまったくなくなったので、経済的な余裕がありませんでした。雑誌定期購読の余裕はありませんでした。

ただし、わが家は多少広かった。二階屋で多少スペースがあったので、それを占領軍兵士に分けて（貸して）いました。調布にエアベースがあり、そこからこぼれてくるＧＩたちにです。もう一つ、三鷹の北口にグリーンパークという占領軍の施設、ＰＸ（post exchange）がありました。今は緑町パークタウンといわれているところです。故郷から届いた手紙をそこで仕分けをして、軍人たちの手元に届けるというような仕事から始まって、お酒を置いたり、ちょっとしたデパートふうの店舗を造ったりしている。そういうPXもあって、そこが正規の宿舎だったわけです。

正規の結婚をしているGIファミリーは、調布の施設かグリーンパークに住んでいましたから、われわれのようなレンタルハウスに流れ込んでくるのは、いわば正規の結婚はしてない連中です。いわゆるオンリーさんって、皆さんわかるでしょうか。日本でかりそめの家庭生活を営んでいるGIたちもいたわけです。相手はもちろん基本的には日本の婦人で、彼女たちがオンリーさんと呼ばれました。そのころは、良家の子女を守るっていう「肉の防波堤」という言葉さえあった時代ですから、そういう時代だと思ってください。

借家を要求する人たちに対する選択権は一応こちらにあり、ハウジング・オフィスというところから送られてくる候補者を、私が面接していました。高校三年の最後に父が死んで、私は結核で伏せっていましたが、私しかしゃべる者がいないので、片言の英語で喧嘩したりしながら、とにかく収入を確保するために、そういう借家人をうちに置いていたわけです。収入はそれしかありませんでした。

しかも、父親が死んだのに税金が翌年かかって、まったく払えないので、電話は差し押さえられました。本当に差し押さえを経験したわけです。五年ぐらいかかって払いきって、ようやく税務署へ行って差し押さえを解除してもらいました。これも変な話だけど、電話の加入権が当時はすごく高く、質草にもなったのです。税務署にとって電話は差し押さえがいのある相手だったわけで、そんな時代ですよ。

そういう貧乏な状態でしたから、月刊誌の定期購読なんて夢にも考えられませんでした。学費を払うのも大変だったし、かといって、学生のころは奨学金をもらいませんでした。借金が怖かったからかな。健康の問題もあったのかもしれない。少なくとも初年度は命休ですから、もらえないわけです。

――（斎藤）『思想の科学』の他に何か注目していた雑誌はございましたか。

村上　『週刊朝日』をときどき買うのと、それから『朝日ジャーナル』が出てからは（一九五九年創刊）、ほとんど必ず買ってましたね。新聞だけは定期購読しており、それが『朝日新聞』だったから必然的に。

――（斎藤）としますと、私どもが質問しました文化潮流や学問潮流の関係で、特定の人物のものを深く読むとか、いくつも見るとか、そういうことはあまりなかった、と理解してよろしいのでしょうか。

村上　はい、そのとおりです。

――（斎藤）日本の思想家ではなく海外のほうで注目していた人物は、大学に入学する前後にありましたか。

村上　前のとき（『村上陽一郎の科学論――批判と応答』）にも書きましたが、翻訳はずいぶん読んでいました。創元科学叢書のテイラー『科学史』（森島恒雄訳）とか、岩波新書の科学史・科学哲学関係の翻訳本を、とにかくむさぼるように読んでいました。岩波新書は、それこそ命休のときでも恐る恐る生協で求めるのです。今思うと誰もとがめなかったはずなのだけれど、大学から休学を命じられた立場で大学に出入りをすることは、そもそもリーガルにいけないんだという変な思い込みがあって、駒場のキャンパスの中に入ることもあんまりなかったんですが、ときどき意を決して入りました。

これも書いたかもしれませんが、山下肇先生から六月に葉書が来て、そろそろ中間試験をするけれども、一度も授業に出てないようだが、中間試験をどうするのか心配しています、という葉書をもらって感激しました。そこで慌ててその葉書を持って、山下先生の授業らしきものを探し当てて会って、実は自分はこういう立場にあるので、授業に出られませんと申し上げました。そのとき、いってみれば入学を許可されて初めて駒場のキャンパスに正規に足を踏み入れたんじゃなかったかな。

そしてそれに味を占めて、ときどきキャンパスの中に入るようになって、生協にも行くようになりました。そうすると生協に、例えば丸山眞男の『日本の思想』（岩波新書）だとか、当時の名著といわれるものが山積みになっており、多少お金に余裕があるときは岩波新書の青版ぐらいは、なんとか買って帰っていました。ですから、そういう意味で生協はありがたかったです。普通の本屋さん、紀伊國屋とか丸善に行く余裕はほとんどなかったので。

前にも書きましたけれど、理科系の非常に厳しい学生実験なんかを免れるためにも、理科系は諦めて文科系に入りました。でも、理科系を完全に諦めることはできないままにいたところ、科学史・科学哲学というのがあるという話を聞き、文科系で理科系の学びもできる場所があることが救いでした。そういう点で、理科系と文科系のはざまを行くような、『科学史と新ヒューマニズム』（サートン著、森島恒雄訳、岩波新書）など、日本語のものはそんなに多くなかったけれど、少なくとも翻訳は、今でいえば最も基礎的で、学生たちだってそんなに読まないかもしれないような本を一生懸命読んでいました。

科学史科学哲学教室へ進学して

――（斎藤）なるほど。今のお話は、ちょうど次の質問に関わってきますので、二番目の質問へと進みたいと思います。

「いかなる（積極的な）動機で科学史科学哲学教室に進学されたのでしょうか。また、当時の教員（非常勤講師を含む）の具体的な授業内容、教室の問題意識と雰囲気をお聞かせください。ちなみに、科哲教室の教員と学生は、自然弁証法研究会とはどの程度の関係があったのでしょうか。さらに、大学院（比較文学・比較文化）での具体的な授業内容、教室の問題意識と雰囲気、ご自身への影響をお聞かせください。」

村上　当時の科学史科学哲学教室のことを一番よく知っていらっしゃるのは、もちろん伊東俊太郎先生ですが、ある意味で科学史も科学哲学もアマチュアリズムでした。大森荘蔵先生は物理から、科学哲学の方向、あるいは哲学の方向に向かわれた方ですが、しかしクワインの *Methods of Logic*（『論理学の方法』中村秀吉共訳、岩波書店）などを翻訳なさっており、科学哲学の世界的な傾向に対して自分もきちんと向き合わなきゃいけないという決意を持っておられたと思います。ですから、大森先生はプロフェッショナルだったと思います。

でも、科学史のほうはどうでしょうか。当時としては本当のプロフェッショナルだと思われる方は、ファカルティ・スタッフにはいらっしゃらなかったですね。化学の玉蟲文一先生が教室の設計図を書かれましたが、ご自身は本格的なプロフェッショナリズムを目指してはいらっしゃらなかったと思うのです。

また、玉蟲先生のパートナーとでもいうべき木村雄吉先生という方がいらっしゃいました。木村先生の影響力は、当時の科哲の中では圧倒的だったようです。求道学舎、私なんかよく「ぐどう」と読んで「違うよ」と言われたので、「きゅうどう」と読んでおきますが、本郷に求道学舎という学生寮みたいなものがありました。浄土真宗の僧侶近角常観が建てたものだと思いますが、木村先生はその寮監のようなことをしてらしたのかな。木村先生ご自身は生化学の日本における草分けのお一人だと思いますけれど、それこそアマチュアとして科学史や科学の思想に対して、非常に強い、ある種の感性を持っていらした方でした。私はもちろん直接お目にかかったことは何度もありますけれども、直接の影響を受けていない世代です。

科哲の最初期の板倉聖宣さん、その後の永井克孝さんや金子務さんというような私の先輩たちは、木村イズムみたいなものに染まっていました。つまり、必ずしも科学史や科学哲学の専門家としてこれから立っていこうという、悪い言葉を使えば野心みたいなものは、持っていらっしゃらなかったのではないかと思います。それが証拠に、皆さん気づいていただけると思うのだけれども、板倉さんだけがいわば科学史を専門にされて国立教育研究所へ入られましたが、大学へ就職はされなかったのです。

それで、ともかくまがりなりにも科学史・科学哲学を専門にして、それをもって大学のスタッフになったのは、私が実は最初なんです。伊東先生は科学史・科学哲学の教室で育った方ではないですから。金子さんは後から大阪府立大の教授になられたけれど、最初は読売新聞社に入られたわけです。当時の私より先輩で学問の道に進まれた方々は、すべて他の専攻領域、例えば鈴木義人さんの数学、化学、板倉さんなどの物理学、それから医学、そういう別の大学院へ進んで本格的な専門の学問を究める前に科学史・科学哲学を学ぶ、という状態でした。つまり、広く科学や技術に関する歴史的・哲学的な展望を文字通り教養として身につけてから別の専門に進むか、さもなければ、科学と技術に関する広い知見を土台にしてジャーナリズムに進むか、そのどちらかしかなかったのです。ですから、その意味でいえば、科学史・科学哲学という学問にかぎっていえば、アマチュアリズムでしかなかったのが正直なところです。

――（斎藤）そうすると、授業内容もアマチュアリズムに傾斜していたのでしょうか。

村上　例えば私のマスター・ファーザーだった木村陽二郎先生は、植物分類学の大家でいらしたし、本格的に自分は科学史の専門家であると自負しておられた方は、むしろ外から来られていました。そういう意味で、われわれが科学史の一番の大先輩というのは、早稲田で国民的女優さんを育てた平田寛先生です。平田先生は非常勤講師で来てくださっていました。平田先生はサートンの『古代中世科学文化史』（岩波書店）ほか諸々を訳していらしたから、ギリシャ古典の専門家だけれども、ギリシャ古典の中では自然科学に専念しているつもりでいらしたのだと思います。

当時は、平田先生のように、科学史関係のものの翻訳でいろいろと活躍していた先生方がたいてい外から来てくださって、一年とか二年とか非常勤講師をお務めくださって、またご自分の大学へ帰れるというような状況でした。

――（斎藤）そうしますと、村上先生と同期あるいは先輩や後輩だった当時の学生の皆さんは、教養としての科学史や科学哲学を学び、ジャーナリズムや別の領域に行くという方々がほとんどだったと。

村上　そのとおりです。それはまったくそのとおり。

――（斎藤）　そういう中で、村上先生は科学史をビシッと専門としてやっていこうという選択をなさったのだと思うのですけど、それは何か理系と文系との兼ね合いなどがあったのでしょうか。それとも、全く違うきっかけがあったのでしょうか。

村上　ここも自己韜晦《とうかい》しているように聞こえるかもしれないけれども、少なくともかなり大きな理由の一つは、胸のエックス線写真を撮ると必ず影が残っている。つまり前歴があるということは隠しようがないのです。

そもそも、教養学部教養学科というところを入社試験に指定する企業はきわめて少ないのです。これは私の先輩でもずいぶん苦労されたという話を聞きました。とにかく最初から門前払い、願書を出させてもらえない。指定学部、指定学科に入っていないわけです。それに対して、なんとかその蓋《ふた》をこじ開けて、とにかく入社試験だけは受けさせてもらいたいという、そういう活動をまずはしなければ、普通の会社は受ける機会さえシャットアウトされていたという時代でした。

その上に、入社試験の応募書類の中に必ずエックス線写真が必要だという時代でしたから。つまり、それくらい若い人たちの間に胸部結核、胸部ばっかりじゃない、結核の蔓延しているころだったわけです。ですから、その前歴が災いして、たいていは健康診断を向こうがしてくれる前に、こちらから出した資料で撥《は》ねられるというのが常套だったという時代でした。

先程も言ったように、我が家は非常に経済的につらい時代でしたから、そんなに遊んでいる余裕はなかったのです。でも、じゃあ就職をしようといったときに、最初からほとんどの窓がシャットアウトされていたという事態は、ある意味で私にとっては決定的でした。これは消極的な理由ですけど。

それともう一つ、非常にエモーショナルで恥ずかしいのだけど、大森さんに惚れていたんですよ。これも何かに書きましたけれど、大森さんと最初に出会った講義の試験が、「完全決定論者の弁護人に対して検事側の論告を完成せよ」という問題だったのです。つまり、一学期になさった自由意志と決定論の話の最終試験がそれだった。そこで今でも覚えているけれど、一時間半かけて、私は法廷場面を設定して、完全決定論者の弁護人の弁論をまず要約し、それでもなお検事側がこの被告にいわば罪科を課す理論的根拠があるということを、それなりに書いたわけです。初めて出た大森先生の講義で、しかも講義を受けたのは二〇人ぐらいいましたから、私の名前なんかとても覚えてもらってないと思っていました。それが二月のことでした。

ところが、四月の終わりぐらいに、たまたま井の頭線で大森先生と乗り合わせて、向こうから「君、村上君でしょう。この間の試験、なかなか面白かったよ」と言ってくださったのです。名前を覚えていただいていることが、まず胸にグッときて、「面白かったよ」とこの先生に言わせたことに対する、もう、これ、どうしようもなくなってしまったわけです。だからその意味で、この先生についていこうって、そのとき思ってしまったのです。非常にエモーショナルで恥ずかしいのだけど、それがおそらく最大の動機でしょう。

――（斎藤）なるほど、よくわかりました。井の頭線の場面が目に浮かぶような感じです。

村上　ただ、大森先生がやっていらっしゃる大学院はなかったわけです。でも、大森先生がいらっしゃる駒場にいて、何かと接触をしようと思いました。ただし、大森さんって、ある意味ですごく意地悪な先生です。皆さんにも経験があるかもしれないけれど、結構辛辣なんです、学生に対して。心を許したと思った後でもいろいろと痛い皮肉を、私はずいぶん浴びせられました。しかし、それも含めて離れがたかったので、じゃあ駒場にある大学院コースは何かといったら、比較文学・比較文化課程しかそのときはなかったわけです。

それで、その当時の比較文化のほうの哲学の責任者が山崎正一先生だったので、山崎先生のところへ行って、身柄を引き受けてくれませんか、「これこれこういうわけで駒場にいたいので」と言って、その点では山崎先生は大変寛大な方だったので、山崎門下というわけではなく、大変な外様なんですけれども、後ずっと面倒を見てくださったのは、大変ありがたかったわけです。大森さんは比較文化を一度も担当しておられませんでしたから、山崎先生に、いわば借受人になっていただいたというのが正直なところです。

先程の話で、平田先生とともに、やはりきちんとお名前を挙げて感想を申し上げないといけないのは、矢島祐利先生のことです。矢島先生が授業に来て、一般の学生を相手にしてくださったのは、非常に大きかったと思います。当時、矢島先生は東京理科大学だったと思うのですが、いかにも戦前の学徒という感じの得がたい先生でした。

もうお一方、下村寅太郎先生もいらっしゃるわけだけど、下村先生はとうとう科哲にはお見えにならなかったと思います。後に比較の大学院で下村先生を教壇にお迎えすることができましたが。

先程お話ししたように、平田先生の存在ももちろん大きかったのですが、平田先生はドレイパー

(『宗教と科学の闘争史』社会思想社)をお使いになり、私はドレイパーに反発していました。でも、平田先生は後で、例の女優さんに「紹介しましょうか」などとおっしゃって。私は「結構です」って言ったのです。

進化論の受容史を研究テーマにして

――(斎藤)では、今のお話ともかなり関連するのですが、第三の質問に入らせていただきます。「なぜ日本における進化論の受容史を最初の研究テーマにされたのでしょうか。そこには、大学への入学以前を含めて、生物学・医学・博物学・生化学へのご関心の有無は関係していたのでしょうか。また、進化論史研究を『西欧近代科学』『近代科学と聖俗革命』『科学史の逆遠近法』などに比肩する作品になさらなかった理由はおありでしょうか。」

村上　これが難しいのです。第一に、卒論を書くときに誰を指導教授にお願いするかという問題がありました。先程、大森さんに私は惚れちゃってたと申し上げたのですが、とても怖くて大森さんの下で卒論を書く勇気が出なかったことが、一つあります。

それと真面目な話、これも皆さん方、科学史を本格的にやっていらっしゃる方々に対しては少し失礼な言い方になるかもしれませんけれど、科学史のほうだったら、資料をある程度集めて読んで、それなりに解釈を施せば、とにかくまとまった論文を一本造るということはそれほど難しくないのでは。それに対して、哲学という問題を始めてしまったら、まとめるポイントが全く来ないうちに時間のデッドラインだけが来るだろうと。そういう、リアリスティックといえばリアリスティックだけど、功利的な思いも働いたと、今から考えると思います。

ですから、とにかく期限がある論文を作るためには、とりあえず歴史のほうでいきましょうと、歴史をやっている方には失礼な言い方なんだけど、そう思いました。そこでその二つを組み合わせて、それまでのクラスや個人的なやりとりを含めて考えると、卒論指導をしてくださるのは木村陽二郎先生しかないなということが第一。そして木村先生と相談し、東大の初代総長だった加藤弘之が進化論に絡んでいろいろとやっているということ、しかも日本での進化論のレセプションはこれまであまり誰もやってない、だからテーマに選んだら、という助言を受けたことはたしかです。

加藤弘之に関しては、本郷の図書館に行けば、結構草稿みたいなものも見つかるだろうと、いささか虫のいい思惑も私の中に生まれました。たしかに魅力のあるテーマではあったし。それから、私も生臭いながらとにかくキリスト教の小さな隅っこにいる人間としては、『種の起原』がしばしばユダヤ・キリスト教という宗教的なものと、ぶつかり合うことを、どこまで追究できるかという個人的な思いもあり、だったらやってみましょうとなったわけです。

そこで加藤弘之を読みはじめたら、非常に面白いのです。ご存じのとおり、彼はもともとは尾崎行雄と同じような、若いころはきわめてリベラルな立場でいたわけです。それが、あるときから突然、明治政府のイデオローグみたいなところへ変心していくわけです。まだ明治の初期には、キリスト教は日本の文明開化に役立つから後押しをしようということを、しきりに主張したのです。しかし、明治三〇年代の終わりから四〇年代には、『基督教の害毒』という書物を書いた。しかも、『人権新説』では、進化論をもって天賦人権説を駁論するという立場に立つわけです。それだけ一八〇度こちらへ揺れたり、あちらへ揺れたりしているオポチュニストの加藤をちょっと捉えてみたくなった。そんなこんなでやっているうちに、わりあい面白くなったのが一つです。

ただし、日本の進化論を追いかけていったら、非常に狭い場所でしか物事を考えられないのではないかなという思いはありました。卒論と修士論文まではともかくとして。

機会があったら博士論文を書かなければいけなかったわけですが、ただ当時の「比較」は、それこそ人文系ですから、博士課程が終わってとりあえず何本か論文を書けば、そのまま博士号が取れるというのではなかった。文系の場合は、やっぱり一生かけて仕上げたものを学位請求論文として提出して博士号をいただくという、まさに八杉龍一先生がそうだったわけです。八杉先生は、もう六〇代だったと思いますが、たしか東工大に博士論文を出されたんじゃなかったかと思います〔調べでは五〇歳になる年に、東京教育大学で文学博士〕。あの八杉先生にしてそうなわけです。

八杉先生は、二年ぐらい非常勤講師で来られたことがあったと思います。ただ、私が論文を書いているころは、八杉先生は東大には関わりがなかった。のちに別件で八杉先生と親しくなりましたが、大変謹直な方でした。そして、岩波文庫の『種の起原』の翻訳についてもいろいろと考え方をお伺いする時間はあったので、ありがたかったです。とにかくそういうわけで、進化論の受容史は、一生の仕事にするには狭すぎるという思いがありましたね。

――〔斎藤〕わかりました。もともと生物学にご関心があったのかと思ったのですが、今のお話だと、あまり関係していないのですね。

村上　親父が医者でしたし、高校から病気になるまでは、当時の理二に入って医学部へ行くかなという思いがなかったわけではないのですが、病気になって医学部を諦めました。でも、親父は病理で、どちらかというと生命現象の基本に切り込んでいくような、しかも軍医で、だいたい軍医学校で研究に没頭していたような人間でした。ですから、そういう親父の素地みたいなものは私の中にあったと思います。

ただ、科哲に入ってみたら、例えば高良和武先生という物理学の大先生がいらっしゃいましたし、一方では山川振作先生という――これはたしか山川菊栄の息子さんです――生物学者もいらして、結構いろいろと面白い先生が科哲を取り巻く自然科学の中にはいらっしゃった。物理では小野健一先生が比較文化にコミットしてくださったのですが、物理学者でいながら、それこそガリレオのテキストを「一緒に読もうよ」と言ってくださった。

それから、もう一つだけ、大事なことだから申し上げておきます。比較に入って、一人でこつこつといろんな文献を読むことで、非常に孤独だったのです。が、その後に科哲から吉田忠さん（現・東北大学名誉教授）が入ってきてくださって、私としては本当にありがたかった。というのは、ようやく文字通りお相手ができたからです。科学史関係のものを片っ端から、とにかく二人で読んだ。二人だけの読書会をひたすらやっていたわけです。そういう点で吉田さんが入ってきてくださったのは、私にとっては実にありがたいことでした。そうした中で、先程の小野先生から物理の面白さも教えていただいた覚えがあります。

それから、これはものすごくプライベートな話になるのですが、私は大学に入った翌年、一九五八（昭和三三）年一二月に名古屋へ行って、カトリックの洗礼を受けました。洗礼のときに、男の場合は代父というのが必要なのです。洗礼は南山大学の教会であったのですが、私は名古屋に行って誰も知らないので、南山大学の物理の先生で、寮に学生と一緒に住んで、まだ学生みたいにしておられた長坂源一郎先生という方がいらっしゃって、その長坂さんが、「誰も候補者がいないなら自分がなってやるよ」と、そうして一九五八年一二月二四日、南山大学の教会で洗礼を受けたときに、長坂さんが代父になってくださった。

後の話なのですが、科哲の卒業生が何人か南山大学に専任教員として着任する際、背後にいてくださったのが長坂さんでした。専攻は理論物理で、とくに量子力学の観測問題をやっていらっしゃる方で、観測問題の面白さを何かの拍子に私に語ってくださったこともありました。代父になってくださったことで、その後もずっと宗教上の父親代わりということですから、接触があり続けて、観測問題という量子力学の一番ポイントになるところの手ほどきもしてくださったのです。そこで、生物学・進化学だけにスポットを合わせているところからは、私はわりに浮気なものですから、ずれていきました。それが上智で柳瀬睦男先生の研究室の助手になる下地になっていると思います。

キリスト教信仰と学問

――（斎藤）今、最後に洗礼のお話を伺いましたが、次にご経歴の第二の時代、つまり、研究活動の本格的開始から、東大の科哲教室の教員をなさっていらした時期についての質問に入ります。その最初にキリスト教のお話を伺いたいと思います。

「ご自身のキリスト教信仰ないしキリスト教的価値観と、ご自身の学問（観）の形成や展開（近代

科学史論や寛容論など）との関係について、どのようにお考えでしょうか。また、プロテスタントではなくカトリックでいらっしゃることは、ご自身の学問（観）などにいかに関係するのでしょうか。可能な範囲でお聞かせください。」

村上　これはどこまで成功しているかわかりませんけれども、自分が持っている信仰と、それから学問とは、可能なかぎり切り離す努力はしてきたつもりです。意識的にそういう努力をしてきたつもりなのです。ただ、学部時代に、平田先生からドレイパーを読まされ、ページ・バイ・ページというと少し誇張がすぎますけれども、文章の中で「頑迷なキリスト教徒は」とか、「無学な宗教に凝り固まった連中は」というような、ある種の悪罵に近い言葉が出てくるのです。ドレイパーがあれを書いたときの状況からするとよくわかるといえばそうなのだけれど、でも学問として見ると、学問の中に信仰の問題を取り込まないことと、逆に学問の中にこれだけ信仰に対する敵意を取り込むこととの間には、やっぱり対立関係があるなという思いは持ちました。

だから、自分はこれから学問の世界に入るとしても、できるかぎりキリスト教に対しての自分の信仰からくる何物かを、学問の中に明確な形で打ち出すことだけはやめようという思いは持ちました。でも明らかに、ドレイパーの内容に対する自分の心理的反発には、信仰の根っこが絶対なかったとは言い切れない。それは否定できません。ただ、後にルネサンス期を再評価《アセス》する仕事に取り組んだ理由の一つは、キリスト教を擁護するわけではないけれど、ルネサンスにおける反キリスト教的な契機を近代の曙といって、近代社会があそこから現れ出でるというのはいくらなんでも嘘じゃないか、という思いをかなり強く抱いたことはたしかです。

それがキリスト教に対する信仰から来ているかと言われれば、私は直接はないよと言えるつもりでいます。でも、そこはやっぱり自分で言えるのと、外から見てそうではないと言われるのとはたぶん別の話だろうと思うので、これ以上は言いません。

もう一つの問題です。本来私は内村派だったわけだから、プロテスタントの中でも、教会の建物や組織を認めないという立場。教会は自分自身の心の中にあって、そこにあるだけで十分である、そういう内村の姿勢に対して、今でも潔いなという共感はあるのです。ただ、これもある機会に書きましたけれど、一つだけ気になったことがありました。それは内村の思想に傾倒した人たちが、内村自身もそうなのだけれど、素晴らしいコミュニティをつくっていったことです。私がグループの中にいた小学校の先生のつくられたコミュニティにも、大変立派な方々がおられた。

それはそのとおりなのですが、ただ、内村派の歴史の後のほうまでみてみると、反発して逃げている人が何人もいるのです。例えば、駒場で教えておられた塚本明子先生をご存じでしょうか？　オックスフォードでドクターを取られた大変な秀才で、やはり比較の出身です。その塚本明子さんのお父上が、内村派の主要なメンバーの一人だったのですが、途半ばで袂をわかった方です。そういう方が何人もいらっしゃるのです。それからもう一つ、ある内村派のコミュニティで、ちょっとスキャンダルがあり、そのグループは大変見事なグループだったのですが、瓦解しました。

内村自身がものすごいオーラを持った人だった。そして、ご存じかどうか、内村が『余はいかにしてキリスト信徒となりしか』の中で書いているように、内村は実は既に札幌で、クラークの時代にちゃんと洗礼を受けているわけですから、そのときにキリスト教徒になっています。しかし、自分が初めてキリスト教徒になった瞬間は、つまり本当に自分を回心させたのは、アマーストという大学の学長さんに初めて会ったときだった、学長のオーラに打たれて自分は本当の意味で自分の考えるキリスト教徒になったと、彼はあの本の中で語っているわけです。洗礼を受けたときに自分はキリスト教徒になったわけではなかったんだ、そういう振り返りがあるわけです。

つまり内村鑑三自身、日本へ帰ってきて、ものすごいオーラを発揮させて自分のグループの中に人を集めて、見事なグループをつくっていくわけだけれど、その内村のやり方に反発して逃げていく人もあり、内村派のグループの中につぶれていくグループもある。あるいは、中心になってオーラを発揮した人が亡くなったら、たちまちそのグループはつぶれてしまうケースもあるのです。これはどこかで間違ってないかという思いがあったのです。それはもうしょうがないです、そういう思いが生まれてしまったので。

それで、結局のところ人間は弱い存在だから、一人の人間の持つ力で信仰が保たれる、そういうカリスマ的なものに対して信仰の世界が広がっていくことは、パウロもまさにそういう人だったけれど、しかし、人の世の中の信仰の世界はそれでいいのですかという問いかけが生まれてきてしまって、この問いかけはどうしても消せなかった。それがカトリックへ私を追いやった一番のきっかけだと思います。

——（斎藤）カリスマ性と、組織として信仰を支える教会というか、つまり、教会は永続的にあるのに対して、個人はやっぱりどこかで召されてしまって、結局カリスマは消えてしまう。個人と教会を対比して、後者における継続性ということに何か重要なところがあるというふうにお考えになった、と理解してよろしいでしょうか。

村上　そうです。二〇〇〇年間、カトリック教会は、それこそスキャンダルもあれば、とにかくさまざまな罪を犯しながら、しかし信仰を支える一つのこの世の組織として、とにかく存続してきたことに対しての敬意というか、それを私は信頼することにしたということでしょうかね。近著の『科学史家の宗教論ノート』(中公新書ラクレ)も御参照下さい。

――(斎藤)　村上先生の学問と宗教の関係については、研究すべき課題として私たちの側に投げかけられているように思います。ただし基本的には、両者をきっちり切り離す形で対応されていらっしゃることをお聞きして、大変わかるところがあると思いました。

一九七〇年代のオルタナティヴな科学論

――(斎藤)　では、次の質問に移らせていただきます。先程からの話の流れでいうと、大森さんとの関係もすごくポイントになるのかなと思って聞いていましたが、一九七〇年代には学問のほうのいろいろな動向があったと思いますので、そのあたりに関連する質問をさせていただきます。

「一九七〇年代にご自身の学問や思想を構築・展開するうえで、当時の広義の科学論(廣重徹、伊東俊太郎、廣松渉、竹内啓、柴谷篤弘など)をいかに評価し、諸氏とどのように直接的ないし間接的(心的)に交流されたのでしょうか。また七〇年代にあって、科学史のみならず科学哲学にも重心を置かれ、N・R・ハンソンの翻訳や『新しい科学論』などを出版された動機・背景をお聞かせください。加えて、当時、欧米の科学史研究でとくに注目されていたものはあったのでしょうか。」

村上　一九七〇年代は、ご承知のとおり、国際的に見ればニューエイジ・サイエンスがかなり力を持った時代でした。今から考えると、あれはいったい何だったのだろうという思いもないわけではないのですが。例えば、宇宙論で“Anthropic Principle”というのがあります。日本語でいうと「人間原理」。そうした考え方を出した物理学者・宇宙論者が何人かいました。それからもう一ついえば、ラヴロックが「ガイア仮説」を出しました。あれは月も入るのかな。要するに地球圏を一つの生物として捉えるというような考え方です。

人間原理のほうは必ずしもジャンクではないけれど、ラヴロックのようなものは今はジャンクに扱われるかもしれません。しかし、当時は学生運動でもそうだったように、近代の価値基準がすべて正しいという大前提に対して、根底からノーを突きつけた。そしてその結果生まれてきたさまざまな動きが、自分の中では今なお強いのですけれども、物事についてオルタナティヴを考えるという私自身にとってきわめて大事な思考様式を、かなり強くつくり上げたことはたしかだと思うのです。ニューエイジ・サイエンスの中の何を信じるか信じないかは別問題にして、ニューエイジ・サイエンスが問いかけた問題は、少なくとも人間が関与するかぎり絶対的な真理というものを、最初から前提にして話をすることだけはやめよう、ということでした。

アメリカの有名な詩人にロバート・フロストという人がおり、“The road not taken”という詩があります。要するに「誰も取らなかった道」という、フロストにはちょっと自慢の詩ではないかな。つまり、私はみんなが取ってきた道を選ばなかった、私の選んだ道はみんなが選んだ道とは違っていた、それでよかったっていう感じのものです。それでよかったかという点は別にして、みんながみんなこれで行くときにそれでいいのかっていう問いかけを続ける姿勢だけは持ち続けたいというのが、七〇年代の初めに私の中にはっきり形作られました。そしていまだにそれは続いているし、むしろ強くなっている思いであると申し上げていいと思うのです。

それはカトリック信仰とまるで別の話になるではないかと言われると、そのつなぎ目をどうするかは私の中でも大問題で、理屈はないわけではないのですが、今それをやっていると二時間も三時間もかかる。そこはちょっと置いておきますが、この世におけるわれわれ人間の知識だけを考えたときに、ユニークで、ザ・ベストというものを振りかざすことだけはやめましょうという思いが私の中に生まれました。

ハンソンもある意味ではそういうところがあります。クーンもそのように理解可能かと思い、後で直接会ったときにいろいろ話を聞いてみると、「そういうふうに受け止められては困るんだ」と彼は言う。でも、クーンのパラダイムシフトという概念そのものも、ある意味ではそういう方向性を指示してくれたものとして受け止められて、問題はそれほど大きくはないと思います。そういう点でいえば、かなり強いモチーフが私の中に生まれたことはたしかなのです。

——(斎藤) 村上先生は七〇年代の初めにそうした意識が生まれたとおっしゃったと思うのですが、その要因は社会的な状況なのか、それともニューエイジ・サイエンスなのか、今どのようにお考えでしょうか。

村上 正直言ってニューエイジ・サイエンスそのものに、そんなに関心を持った覚えはないのです。ただ、それこそパリ第一〇大学の壁に、「デカルトを殺せ」という学生たちの殴り書きがあった。デカルトを殺さなきゃいけないのかという問いは、やっぱり私の中でも深刻でした。

全共闘ショック、一九六八（昭和四三）年に全共闘運動の火が燃えはじめた年には、私は上智にいました。上智はわりあい早くバリケード封鎖をして、そして実は翌年に、イエズス会がもう上智大学は廃止をすると言いはじめていたのです。そんなことまであったのですけれど、いわゆる上智方式などといわれるようになる結末を迎えます。つまり、機動隊を入れてバリケード封鎖を解除して、猶予期間、冷却期間をおいて、授業再開。そういう手順を踏んだときに、私はなったばかりの講師でした。

それからその後、一九七三（昭和四八）年に大森さんから呼ばれて駒場に来て初めてのときに、第八委員会という寮の委員会のメンバーにされました。そのころは駒場寮も井の頭寮もあり、それぞれの寮に団交に行かなければいけなくて、たいてい朝まで続き、灰皿が飛んできたりもしました。ようやくしのぎきって、朝、まだ白々明けに、三鷹寮のときなどは、自分の家まで歩いて帰るわけです。三〇分ぐらいとぼとぼと歩いて帰るのですが、そういう中で、学生たちが一〇〇パーセント理不尽だと思ったことは一度もないのです。もちろん管理者側ですから、どこかで変な妥協をすると怒られますし、そのへんは面倒くさいのです。でも、それはなぜかというと、どこかでオルタナティヴが欲しいという思いだけは学生と共有しようという気持ちが、私の中にいつもありました。だからといって、私はそんなにリベラルでもないのですけどね。

ただ、民青とは、どうしても共有・共感はできなかった。やっぱり先程ソ連に対する思いを話しましたが、日共、代々木は、ソ連と縁を切ったとおっしゃるけれど、体質はおなじじゃないのかという思いで、いまだにいます。だから今度、少なくとも閣外協力だと言いながら、枝野さんのところが、社会民主主義が代々木と手を結ぶというのは、私は社会民主主義に対する裏切りだと、これはかなり強く思いました。

――（斎藤）話をちょっと前に戻させていただきます。例えば廣重徹さん、伊東俊太郎さん、廣松渉さん、あるいは柴谷篤弘さん、そうした方々も村上先生と同時代に同じくオルタナティヴを打ち出す方向に向かっているように思うのですけど、当時どう考えていらっしゃったのでしょうか。また、現在から見て、どう評価されますか。

村上　伊東先生はどうなんだろう。伊東先生の態度が私にとって非常にクリアだったのは、クーンの科学革命論ではなく、バターフィールドの科学革命論、あれを非常に早い時期にサポートなさったことです。その当時、科学史学会はマルクシズムの勢力が強かったので、バターフィールド‐コイレ流の科学史、科学革命論は、とても受け入れられない雰囲気でした。そこで、荻原明男さんという関西の方と伊東先生とが組んで、科学革命論をとにかくきちんと評価しようじゃないかという姿勢を打ち出された。このとき伊東先生は、非常にクリアに働かれたと思うんです。科学史学会の名で『科学革命』（森北出版）という本も、これは荻原さんが中心になったのですけれど、出すことに成功なさったということもありました。

でも、バターフィールド‐コイレ流の科学革命論でさえ、なかなか受け入れられませんでした。唯物史観で科学史を書いていくことが科学史の正統な王道だという科学史学会の当時の状況からすれば、あれはたしかにオルタナティヴだったです。非常に強いオルタナティヴだったと思います。

――（斎藤）正統派のほうも、どこを正統派と把えるかにも大きな問題がありますが、代々木系・

唯物論系でない場合でも、科学史についていわゆる発展史観を基礎としていた。それから今も少しありますが、社会における基盤となっている、かつ新しい社会を形成するようなものとしての科学、そしてそれを考えていく形の科学史という捉え方が、もっともっと強かったんじゃないかと思いますが。

村上　どうでしょうか。それは純粋な科学の世界で考えると、やっぱり伝統的に築き上げられてきた一九世紀以降、理論的にも制度的にもきちんと築き上げられてきた正統的な科学から外れていくことに対するブレーキは今でも強いのではないか？　七〇年代でも強かったと思います。

例えば、学術会議で二〇〇九（平成二一）年だったと思いますが、「ブダペスト宣言から一〇年」というシンポジウムがあったでしょう。言うまでもなくブダペストで一九九九（平成一一）年に開かれた世界科学会議で「四つの科学」という定義があって、第一の定義以外は、とくに第四定義science in society and science for society（社会における科学と社会のための科学）は、従来の科学の考え方からすれば余計なものが入ってくるというもので、そういう考え方を世界科学会議で容認したわけです。その一〇年後のシンポジウムを学術会議でやっていろいろと議論が出たときに、ある方が、現役の院生やポスドクの院生たちを抱えたラボのヘッドの方だと思うのですけれど、「あんた方がそんなこと議論していても、今の研究者の卵たちは、一切そんなことを考えませんよ」、「ひたすら、どこかのいい論文誌で自分の論文を、レフェリーがパスしてくれて載ることしか考えていませんよ」と言われたのが私の心に刺さっているのです。でも、それは本当だと思う。

例えば小林傳司さんが主たる責任を持った大阪大のコミュニケーションデザイン・センター（現・COデザインセンター）。それから今、東大で行われている後期教養教育。阪大のデザイン・センターの場合、一番来てほしい医学系の大学院生がほとんど絶無なんですよね。小林さんが言っていたのは、「あんなところへ行く暇があったら国試の勉強をしなさい」とか、「そんな暇がおまえにあるのか」って怒鳴られるのが関の山、というのが実状です。だから、自分の専門から少しでも脇目を振ることに対してのタブーは、若い人にとっては今でものすごく強いのではないですか。だとすると、正統的な科学の筋道っていうのは、きわめて堅固に保たれていて、とくに現場の研究者、若い研究者たちにとってはそうでしょう。

哲学だの倫理だの、ＥＬＳＩ（Ethical, Legal and Social Issues：倫理的・法的・社会的課題）だの何だのかんだの、そんなことやっている暇は俺たちにはないというのが正直なところであって、今の状況だとそれを全面的に壊すことはかなり難しいのではないかと思う。制度的に固まっていると思うのです。

だから、そういう点で考えれば、少しでも壁に穴をうがつような試みをしていく。廣野さんが関わる後期教養教育もその一つだし、小林さんのコミュニケーションデザイン・センターだって、鷲田清一さんが学長を辞めたら一時期駄目になったのでしょう。なんとか復活したみたいですけど。だから、そういう点でいうと科学の王道に対するオルタナティヴは難しい。

――（斎藤）なるほど。七〇年代はそれがかなり……。

村上　たがが少し緩んだ。そんな感じでしたよね。明らかにそうだったと。

Ⅱ

学生時代の社会状況と学問・思想（補）

――（斎藤）第Ⅰ部のお話を顧みて、伺いそびれたことについて、最初に確認させていただきたいと思います。大きく分けて二つあります。

一つは、村上先生の学部・大学院時代のことです。矢島祐利さんや八杉龍一さんなどの授業は講義だったのかゼミだったのか。またその簡単な内容も教えてください。それから、吉田忠さんとのゼミがすごく大事だったというお話がありましたが、吉田忠さんが科学史専攻の二人目の大学院生だったのでしょうか。

関連しまして自然弁証法研究会について――これは村上先生の学部生時代より前から始まっていて、科学史では板倉聖宣さんが中心人物の一人だったと思うのですけど――、その会の政治的面を含めて何かご存じのことがございましたら、お話しいただければと思います。

村上　ここに集まってくださっている方々は、いわゆる科学哲学専門という方は少ないのでは？　私の学部、それから院生時代の駒場の、特に大森さんを中心とした哲学の営みというのは、明らかに科学哲学、割合狭い意味での科学哲学だったという点を抜きに話ができないところです。したがって、矢島先生も八杉先生もどちらも歴史家ですけれど、もちろんそれは非常に大事な講義だったけれども、学生にとってはワン・ノブ・ゼムであったことは明らかです。

矢島先生の場合は、私の学部時代ですけれど、ご承知のとおり科哲ですから、そんなに（学生の）人数がいるわけではないので、講義とゼミの中間の、講読みたいな形でした。矢島先生が訳された岩波文庫の（コペルニクス）『天球の回転について』を材料にして、読んだ内容について、場合によっては発表もあったし、それから先生の講義もあったというような形だったと思います。

八杉先生の授業は、私はたぶん聞いていないと思うのです。それから第Ⅰ部の話で私が間違ったと思うのは、三枝博音さんは、ごく最初のころに来てくださっていたという記録がありますので、これは訂正しておきます。科哲のごく初期のころ、つまり玉蟲先生が始められたころ、一期生のころです。これところで、教養学科の一期生というのは、ある意味ですごいんです。例えば、仏文では芳賀徹さんがそうだし、これは後でイタリア文学に転向されたけれど、本来はフランス文学である平川祐弘さんもそうだし、たしか高階秀爾さんもそうだと思うのです。そういった錚々《そうそう》たるメンバーが一期生だったと思います。

そういう教養学科の非常に活発だった状況の中で、矢島先生の講義も八杉先生の講義も、率直に言えば、ある種、埋もれていたと思います。だから科哲の学生しかほとんど取っていなかったし、科哲の学生というのは、大体一学年三人か四人が普通でしたから、そうすると、当然出席する人数も限られてしまうということでした。それで、むしろ哲学、特に狭い意味での科学哲学、その中でもウィトゲンシュタイン研究を中心として――これは大森さんが呼んでくるわけですけれど、本郷の大学院にいた、ウィトゲンシュタインから禅イズムに移るという珍しい道筋をたどられ、後に成城大学で教えられた黒崎宏さん、それから、後には日本哲学会の会長もされた坂部恵さんとか。黒崎さんは、ちょっと遠回りをして、当時、哲学の大学院におられたから、だいぶ年齢は上なんだけれども、坂部さんは私と同い年、一九三六（昭和一一）年生まれの同僚でした。坂部さんは亡くなったんですけど、そのときは非常につらかった。

当時の本郷の助教授だった山本信さんが大森さんと大変親しかったので、お互いに行き来をしていて、本郷で山本さんのところで論文を書いたりしていた黒崎さんや坂部さんは、大森さんの講義には必ずわざわざ駒場まで来て出席されていたというようなことがあった。それから本郷の哲学には岩崎武雄先生もいらっしゃいましたから、岩崎先生も山本先生と同じように、割合、科哲に関心をお持ちくださっていたわけです。当時は言語哲学というのは、哲学の中でも一つの大きなジャンルでしたから、そういう意味でウィトゲンシュタインとか私が訳したオルストンとか、そういう言語哲学を主体にしている、駒場の大森のヘゲモニーの下にある哲学に対して、本郷は非常にオープンであったと思います。

全く別の話をするようですけれど、駒場の他のジャンル、特に文学、文芸関係は、本郷との対抗意識が強かったのです。むしろ本郷も非常に警戒していた。例えば、本郷の仏文は渡辺一夫先生が主体だったけれども、こちら側（駒場）の、それこそ一期生だった芳賀とか平川とかいうような人たちは、本郷のフランス語、何するものぞという感じだったから、かなり緊張関係にあったみたいです。

後に表象文化というのが教養学科にできるのは、駒場の芸術関係の先生方が主だって、駒場にも芸術関係の分科が一つぐらいあってもいいだろうということで活動を始められた。ワーグナー研究の高辻知義さん、それからもちろん芳賀さん、平川さん、あるいは舞台芸術だった高階さんもそうだし、美術もそうだし、そういう人たちがいろいろいたわけです。

本郷に打診している間に、特に本郷の、美学、美術史学科は、設立趣意書とか学生募集のときなんかに、自分たちがやっているような芸術という言葉を使ってはいけないという非常に厳しいタブーをかけた。しょうがなく駒場側は折れて、表象文化という、今でこそやや落ち着いて、なるほどそんな言葉もあり得るかというのだけど、そのころは全く何のことだかよくわからないような名前を付けざるを得なかった。だから本郷と駒場の関係というのは、ある意味で微妙だったのですけど、そういう点で、科学史・科学哲学は、特に哲学部門はそういう緊張関係がほとんどなかったのは幸せでした。

ですから、第I部でも言ったように、大森さんに傾倒してしまった人間としてみれば、とりあえず大森哲学を踏まえて科学哲学の世界でも、と思っていましたから、そういう意味では科学史のほうは、ほとんど独学という感じでした。その独学に吉田忠さんが入ってきてくださって、初めて一緒に勉強できる人が見つかったというのが嬉しかった。先程ゼミとおっしゃったけど、これは完全にプライベートなゼミだったのです。ですから、先輩も、まして教師も誰もいないで、吉田さんと二人だけで、とにかく英文から仏文、独文の、向こうで発表される論文誌だとかを読んでいました。初めて最後まできちんと読んだのは、バターフィールドの *The Origins of Modern Science*（『近代科学の誕生』）でした。それ以降ずっと、論文誌を含めて一緒に読むということを繰り返していたのが、歴史についての当時の勉強の主体でした。

それから、市井三郎さんは哲学であると同時に歴史書もいくつも翻訳されています。非常に大きなヨーロッパの歴史書なんかを翻訳されていましたから学ぶところも多かったです。

その他にも結構面白い人が周囲にいたんです。鶴見和子さんもそうだし、この間学術会議で問題になった宇野重規さんのお父さまの宇野重昭さんとか。それから比較（比較文学比較文化）には御大として島田謹二という大先生がおられた。それから、これも大先生だった寺田透、その弟さんが寺田和夫さんといって、やっぱり駒場で文化人類学の専門でした。アステカとか南米の文化人類学、旧跡などいろいろな発掘をされましたが、スペイン語も教えていらした。私は寺田和夫さんからスペイン語を習った覚えがあります。寺田透の妹さんは、長らく横浜市長だった飛鳥田一雄さんという社会党の大政治家のご夫人だったと思います。それから、阿部良雄さんといって、阿部知二という有名な文芸評論家の息子さんで、ボードレール研究では第一人者になった方とか、さまざまな方が駒場には蝟集《いしゅう》しておられた、と思います。

だから、日本の研究者で、おやおやこれは講義を聴かなきゃ損だと思った方が院生時代にはたくさん周囲にいらしたのです。ですから、先程の論文を読むということで海外の論文誌をあさることは、ずっとやっていましたけれども、海外の研究者で、どうしてもこの人の研究はフォローしなきゃいかんと思ったのは、そんなにたくさんあるわけではないように思っています。

それから自然弁証法研究会。これは、板倉さんがヘゲモニーを持っていらしたと思うのですが、私は自然弁証法研究会にはタッチしていません。全く情報を持っていませんでした。

――（小松）　自然弁証法研究会は共産党の細胞と、おそらくかなり重なっているのではないかと見ていますが、そちらのほうから科史・科哲の学生へのオルグはなかったのでしょうか。

村上　少なくとも私の時代は、学生は本当に四人ほどでしたが、基本的にはなかったです。でも、お名前を挙げて失礼でなければ、例えば肱岡義人さんは、非常に明確に細胞だったはずです。だけどオルグはなかったと思いますよ。

――（小松）もうひとつ伺います。二〇一五（平成二七）年に開催された東大自然弁証法研究会同窓会で、資料集が配布されました。「自弁研とその頃の板倉聖宣とその仲間たち」と題されたものです。そこには板倉聖宣の著名な結婚式（一九五七〈昭和三二〉年。大島渚『日本の夜と霧』〔一九六〇年〕に登場する結婚式のシーンのモデルになったとされる）の集合写真が収録されており、自然弁証法研究会の人々がかなり写っています。そして写真に若き日の伊東俊太郎先生のお姿もあるのですが、伊東先生も自弁研だったのでしょうか。

村上　それはたまたま、板倉さんの論文指導をなさっていたからじゃないでしょうか。伊東さんは助手でしたから直接的に指導はできなかったけれど、そのころ科学史をやろうと思ったら、明らかに本職としては伊東先生しかいらっしゃらなかったわけですから。

オルタナティヴな科学論（補）

――（斎藤）次に、もう少し詳しくお聞きしたい二つ目の事柄についてお伺いします。

第Ⅰ部の後半で、一九七〇（昭和四五）年前後から八〇（昭和五五）年前後にかけての質問をいたしました。そのときに、もう一つの道《オルタナティヴ》のお話が出てきたと思います。それとの関連で、廣重徹さんとか廣松渉さん、柴谷篤弘さんといった論者については、当時そして今、どう捉えておられたのかということについてお聞かせください。

また、海外の研究者に関して、学部時代、大学院時代には、この研究者、あるいはこういう系列というようなところを特に注目されていたわけではなかったというお話でした。その中でクーンの話は、かなり詳しく教えていただいたと思っています。ただ、ハンソンとか、第Ⅰ部で全然出てこなかったファイヤアーベントに関しては、どうでしょうか。かなり共感的に翻訳なさっていると感じるのですが、そういう共感、反感も含めて、どう捉えていたのか。あと、それ以外の研究者で重要と考えていた方は、おられたのでしょうか。

さらに一九七九年に『新しい科学論』がブルーバックスから刊行されます。これはもう一つの道《オルタナティヴ》とかなり連動的で、大変重要な著作であると思います。その刊行の動機や反響などもお聞きしたいと思っています。

村上　廣松さんの仕事というのは独特であって、前に作ってくださった『村上陽一郎の科学論』の中でも、ちらっと申し上げてあるのですが、廣松さんが駒場に招かれた経緯というのは、かなり特殊であったわけです。

廣松さんは相対論なんかに関しては既にご著書があって、科学と哲学の間の橋渡しというようなお仕事としてはあったけれども、少なくともウィトゲンシュタインを中心にした分析哲学というのが主流だった科学史・科学哲学の哲学——それは結局、大森さんの影響ということになるわけですね。大森さんも何もそこばかりに固執していたわけでは全然ないのですが。ただ、当時の科学哲学はそういうものだという常識があった。海外で学会へ出るとたいていはそういう話題、言語分析哲学が主体になっていた。ところが、廣松さんは、ある意味では極めて異分子であったことはたしかなんです。私たちは、廣松さんという人の仕事ぶりは、本当に傾倒していましたし、大森さんも全然そういう違和感を持って接していたわけではない。でも、科学論という射程からいえば、もう一つの道というのとは、少なくとも私にとっては、何か別の、巨大な何かがあるという思いでしかなかったように思います。

廣重さんに関しては、ある意味で非常に気の毒だったという思いはずっと持っていた。というのは、日大の理工学部の物理学科で、本来物理学を教えなければいけないところで、一人孤塁を守っているという感じでしたでしょう。だから、そういう点で仕事もなさらなければいけなかったし、なさっている仕事をずっと拝見していると、とにかく自分の存在をきちんと確立して、とにかく後ろ指をさされないような仕事をつくり上げていこうという、そのことに必死であられたというのが私の印象なのです。そのことによって、決して実りが薄れたわけではなくて、むしろ私たちにとっても、大変多くの実りを残してくださったわけだけれど。

特に『科学の社会史』という中央公論社から出た本は、科学と社会を結び付けるという、それこそ今のＳＴＳ的な立場から見れば、日本での先駆の一つと捉えてもいいくらいなんですが、ただＳＴＳや４Ｓ（The Society for Social Studies of Science）がやってきたこととはやっぱり違う。『科学の社会史』は日本の近代技術史みたいな感じがするでしょう。４Ｓ、あるいはＳＰＲＵ（Science Policy Research Unit：サセックス大学・科学政策研究所）やその他の海外での科学と社会との関係を追究するということでやっているものとは、ひと味違う仕事であったので、私は本当に恥ずかしいのだけれども、あの仕事を科学社会学の走りだと考えるようになったのは、割合最近なんです。

これは前の著作でも書きましたように、渡辺慧さんが、当時会長をなさっていた国際時間学会の世界的な総会を日本でやることになって、たまたまそれのジェネラル・セクレタリーを私が大学院生時代にやりました。そのときにウィーンから来ていた若い大学院生、だからほとんど私と同じ年代だったのだけど、二人の男性と女性とが「実は私たちがやろうとしているのは、科学技術と社会との関係を捕まえることなのだ」ということを説いてくれて、それで初めて、これからは必要な話だということを認識させられた覚えがあるのです。その女性は、後にヨーロッパ協議会総裁になったヘルガ・ノヴォトニーです。もう一人はウィーン工科大学の教授になって、私をヴィジティングとして二年間招いてくれたM・シュムツァーです。だから、その国際時間学会で出会ったウィーンの二人というのが、私にとっては恩人みたいなものです。それは、本当に新しい世界を目の前に見せてくれた。科学技術を扱うもう一つの視点って、そんなところにあったのだということを初めて教えられた。

『新しい科学論』については、いまでも四〇刷になって出ているのです。どうしてそんなに古いのに……、出ている写真も恥ずかしいし、だけど、とにかく廃刊にならないでまだ生きているというのだから、辛うじて誰かが買ってくださっているのでしょう。私は最初、中に入っている絵、イラストに関しては、仰天したんです、こういう本作りもあるのかって。私としては恥ずかしいところがたくさんあるので……。

とにかくハンソンなんかが考えようとしたことと私の考えようとしていたことが一致したという点では、海外のものを読んで、本当の意味で、これは訳さなきゃと思った著作がハンソンだったわけです。ハンソンからの延長でファイヤアーベントにたどり着いたというところはありますので、そういう意味ではこの二人は、私にとっては、先程の若いウィーンの二人と同じような意味を持っていた人たちだなということは言えると思います。

――（斎藤）　まとめると、内的なところでは、ハンソン、ファイヤアーベントで、いわゆる外的なところでは、先程のウィーンのお二人が海外からの影響としてはあったという感じですかね。

村上　そうです。それと、当然のことながらクーンは読んでいました。

――（柿原）　今お話のあった海外の研究者への注目という質問に関連してお聞きします。一九八〇年代ごろ、村上先生はたくさん翻訳書を出されています。どういう本を翻訳して出していこうとお考えになったのか、翻訳の対象を選ばれたポイントについて少し教えていただければと思います。

村上　そんなに何か決定的なプリンシプルがあって選んでいたわけではないです、正直なところ。それで芋づる式に本屋さんから依頼が来れば、よほど合わないなと思ったやつは誰かと一緒になって。それから誰かが持ってきたもので、「一緒にやりませんか」というのも、もちろんあったわけですけれど。そういう意味でも、私の中に決定的な選択基準があって、ここから先は駄目、ここから内側だけやりますというような、そんな確固たる信念があってやっていたわけではありません。

ただ、シャルガフの『ヘラクレイトスの火』を訳したとき、あれは岩波書店の編集者が持ってきてくれたのですが、あれだけは一〇ページぐらい読んで、これだけはどうしてもやらねばと思った覚えがありますので、かなり思い入れはあったと思います。でも、自分で選んだわけではなかったです。最初のきっかけは自発的ではなかった。あれに出合ったことは私にはかなり大きな出来事でした。

――（斎藤）　シャルガフも出てすぐ読ませていただいた記憶があります。当時、分子遺伝学と呼ばれるものや、遺伝子組み換えとか、その辺りをどうするかという動きと、ほぼ同時代か、ちょっと後だったような感じがします。

村上　アシロマ会議が一九七五（昭和五〇）年ですからね。リコンビナントDNAという言葉を使っていた。今のCRISPR-Cas9みたいな、エディティング（ゲノム編集）ではなかったですけど。だからシャルガフは、「俺は絶対、分子生物学者じゃないよ」と言うのです。自分はバイオケミストリーをやっているのであって、分子生物学なんていうものをやっているわけではないというのが、彼の非常に根強い主張だったと思います。それはおそらくワトソン、クリックに対する恨みみたいなものもあるのでは、と思いますが。自分の教えたことが二重らせんに響いているはずなのに、彼ら二人は自分のことを全く無視している、ということをあの中で述べていますから。

――（廣野）　二点お聞きしたいのですけど、村上先生はラリー・ローダンも訳しておられますよね。イムレ・ラカトシュ、ローダンに対する評価というのを、僕は先生から聞いたことがなかったので、それを教えてほしいです。二点目は、僕が学生のころ、割と先生は授業中にフランセス・イエイツに言及することが多かったと思うのですけれども。イエイツからも結構大きな影響を受けているのかなと思ったら今のお話の中では出てこなかったので、イエイツに対する評価も、ここで教えていただけないでしょうか。

村上　ラカトシュに関しては、合理主義的な科学に対する解釈を支持する立場だという点では、私はファイヤアーベントとはかなりはっきりと一線を画す人だと思っています。ただし、合理主義の立場から抜け出ていないけど、ファイヤアーベントなどの立場にも顔を向けているという、そういう中間的などといえばいいのかな、そういう評価で、私の中ではたぶん今でもそうだと思うのだけど。ローダンは、私にとってはちょっとわかりにくい人です。だから翻訳したのは、わかりたいと思う一心でした。

それからフランセス・イエイツに関しては、たしかに吉田忠さんと読んだ覚えもありますが、イエイツのやや神秘主義的なところへ走ろうとする姿勢に対して、どちらかというと私は、神秘主義、仏教でいうと密教的な信仰体系には、はまり込みたくないと自分を戒めている人間でしたので、どうでしょうね。例えばイスラムの勉強をしようとしたときも、スーフィズムのような密教的な方向へ行こうとすることに対しては……。例えばペルシャのルーミーという人物の『ルーミー語録』（井筒俊彦訳、岩波書店）は面白いけれども、イスラムを理解しようとしたとき、何だこれと思うようなところがいくつかありました。イエイツのアルス・コンビナトリア（結合術）に関するものは面白かったけれども、そんなに影響を受けているつもりはないのです。講義でそんなに言及しましたか？

——（廣野）はい。一九八〇（昭和五五）年ぐらいは、先生は、割とイエイツに言及されることが多かった。あと、新プラトン主義も。そういう覚えがあります。

村上　新プラトン主義に関しては、ルネサンス期に言及したら、どうしても中心にならざるを得ないんじゃないんですか。それまでのスコラがアリストテレス主義でしたから、そういう点でいえばルネサンスを動かしたのは新プラトン主義であるというところでは、まさにイエイツのような仕事もきちんと取り込んでおかないとまずいなという思いはあったと思います。

——（廣野）それからコイレについて、伊東先生は割とコイレを評価して、自分の科学史にとっての導きの糸はコイレだったとおっしゃいますけれども、コイレについてはあまり先生から聞かなかったように思います。

村上　それは非常にはっきりしているんです。伊東先生がなさっているから、もういいやって。

──（萩原）　先程、方法論との関連で、ハンソンなどとともにファイヤアーベントの名前を挙げてくださいました。ファイヤアーベントが社会のメインストリームから距離をとろうとするような態度に、もしかして村上先生は共感されるところもあったのかなというふうに思ったのですが、いかがでしょう。例えば、ＣＯＥ（国際基督教大学二一世紀ＣＯＥプログラム「「平和・安全・共生」研究教育の形成と展開」〔平成一五年度～一九年度、拠点リーダー：村上陽一郎〕）の研究成果として出された『文明の死／文化の再生』（岩波書店）でも、文化や伝統の多元性という寛容論の論点との関連で、再びファイヤアーベントに言及されていました。そういう科学哲学上の方法論以外のところでも何か共感するところがあったのかという点をうかがいたいと思いました。

村上　それは萩原さんの言うとおりかもしれない。みんながみんな、わあっとそちらへ付いていこうとすることについては、いつも、そこからはとにかく距離を置きましょうという思いがあって、これは、むしろ私の悪いところかもしれない。ですから私は、これを自慢することではないんだけども、私をわかっていただくために申し上げれば、あらゆる署名活動に一度も署名したことがないのです。どんな運動に対しても、いかに内的共感はあったとしても、そこに署名をして一緒にということだけは避けてきた、ある意味で情けない人間ですから。そういう点で、ファイヤアーベントに共感する部分もあるかもしれない。だけど私は彼ほど皮肉屋ではないと思っている。

学会の党派性

——(斎藤)ではこの辺りで第I部の補足質問を終え、メインの質問の続きに移らせていただきます。

「一九七〇年代に現れた新たな科学史・科学哲学の潮流は、科学史学会主流派(代々木系)の反発を招いたと思われます。不躾ながら伺いますが、いかなる具体的な行為や事態があったのでしょうか。また、それに対してどのようにお考えになり、対処されたのでしょうか。」

村上 一番学術的な面で鮮明な形で出たのは、先程の肱岡さんが(日本科学史学会の)『科学史研究』に、私の著作をこてんぱんにやっつける書評を書いたことがあって、それなんかは党派性から来る批評だなと思いました。

それから、直接的な学問的内容ではないのだけれども、それこそ今まだ尾を引いている学術会議問題とも絡むのだけれど、当時、学術会議には一三期くらい連続で会員で、しかも事務局長という立場の福島要一さんという方がいらして、彼が学術会議を牛耳っていたわけです。そうすると、これはむしろ渡辺正雄先生のほうが、そういう点では積極的だったのですが。「ああいう学術会議は学術会議ではないから、別の学術会議をつくろうよ。村上さん、どうする?」と言われたことがあったし、似たようなことは、科学史学会についても渡辺さんからそういう提案をされた。渡辺正雄先生ははっきり科学史学会の第二学会をつくろうと本気で思っておられたみたいです。

ただ当然のことですが、別段、学問的に掣肘《せいちゅう》を加えられたとかいうことはないです。

他方、まさに廣松さんが名古屋大学を追われ、それから千葉大学の教授会で採用が見送られた（あるいは拒否された）わけです。それで当時、千葉大の中村秀吉さんから――彼は代々木なのですけれども、そこは彼は素晴らしくフェアだったと思いますが――、とにかく大森さんに、「廣松をなんとかしてくれ」という懇願があって、それで大森さんは私に相談をかけて、「いいかい？」って、「駒場で採るつもりだけど、これはおそらくかなり駒場でも抵抗があるけれど、それはなんとか私がするから、やっていいかい？」って、そういうご提案があって、それで実現したのです。廣松さんは党派性からいえば明らかに反代々木系だったわけですから、そういう意味での政治的な党派性の動き、パルタイの動きというのは、いろんなところで出てきていた。

ただし、新たな科学史・科学哲学が学問上、何か党派性によって、というのは、少なくとも私が経験した深刻な例というのは（別に深刻でもないけど）、先程の肱岡さんの書評くらいですね、

科哲教室のスタッフとして

――（斎藤）　なるほど、わかりました。今、廣松さんが科学史・科学哲学のほうにご着任なさったときの経緯について少し触れていただいたのですけど、次に村上先生の科哲教室へのご着任についてお伺いしたいと思います。

「科哲教室へのご着任の具体的経緯を可能な範囲でお聞かせください。その時点で、またご着任後、科哲教室全体による学問的および制度的な構想はいかなるものだったのでしょうか。」

村上　私はそのころまだ東大の大学院の博士課程に在籍中だったのですけれども、在籍のままでいい

からといわれて、上智大学理工学部の物理学科の助手に採用してもらったわけです。この採用に当たっては、大森さんと上智大学物理学科の物理学基礎論教室を立ち上げる責任者であった柳瀬睦男神父との間で——柳瀬さんは、まだアメリカのプリンストンに研究員として在籍中だったわけですが——、やりとりがあったそうです。その結果、私がたまたまカトリックであるということもあって、「おまえが助手になって行け」と、研究室を立ち上げる助けをしなさいということになった。

柳瀬さんが帰ってこられて、助教授として研究室のラボヘッドになって、そのときに助手として着任したのが一九六五（昭和四〇）年です。それから三年間助手をして、もうそろそろ助手の立場はいでしょうということで、今度は文学部哲学科に籍を移して、それで文学部哲学科の講師になって——講師になるには大学院生のままであってはならないということで、博士課程を退学して講師として着任するわけです。その年、一九六八（昭和四三）年にいわゆる全共闘運動で上智大学も封鎖、それからロックアウトというような道をたどるわけですけれども。

そうして講師をやっていて、自分で言うのはばかられますが、文科系の学生に対する一般教養に、理科系のクレジットとして自然科学史という科目を持ったところが、とんでもなく学生が増えてしまって、五〇〇人ぐらい入る講堂があふれてしょうがないので、二コースつくってというところまでやっていたわけです。だから上智としては、柳瀬さんも含めて手放す気はなかったと思います、正直なところ。ところが大森さんが、いずれ助教授を採らなきゃいけないというので、とにかく上智から移らないかと。

実は柳瀬さんと大森さんとは、学生時代からの、当然二人とも物理ですから、ラボは違ったと思いますが、同学年で親しかったのです。ところが、これはいろいろいきさつがあるから、あまり詳しくは言えないけど、要するに大森さんが私に声を掛けて、私がどうしようかな、でもなんとか動く可能性を考えようかなと思い始めるころまでは、柳瀬さんには大森さんは一言も言わなかったのです。そのようなことで、柳瀬さんと大森さんの間は、学生時代からの親友関係が一時期危うくなって、私は間に挾まって非常に苦労した覚えがあります。

私は当時、文学部から、また一般科学研究室というところへ移って、助教授になっていました。だから結果的には上智の助教授のときに、駒場へ移るということが実現したことになります。これは専ら大森さんと、それから伊東先生との了解事項として成立したことだったと思っています。

その後どうなったかというと、その前に教授だった木村陽二郎先生が一番努力をなさったのだと思いますが、結局大学院が理学系の中に、科学史・科学基礎論専門課程という形で発足することになっていて、だから私が着任してみたら大学院ができていたという状況でした。今は、いわゆるマル合、大学院生の教育・研究指導を受け持つための資格としては、とにかく博士号を持ってなければいかんと、結構、うるさいみたいですが。そのころ私がいつマル合になったのか全くわからないのですが、着任のときに既にマル合になっていたみたいなのです。だから、すぐに大学院担当もすることになりました。

大学院は一九七〇（昭和四五）年四月にできます。私が着任したのと発足したのとほとんど同じ年です。ですから、科学史・科学哲学教室の内部は、大学院対応で大忙しだったと思います。とにかくそちらをなんとかやっていかなければならないということで。

理学系の大学院に木村陽二郎先生がなんとかして（専門課程を）押し込んで、（科哲教室から）理学修士が出る。いずれ年次進行で理学博士も出るということになったときに、理学系のメインの物理学だとか化学の教授たちが、「おまえたちのようなもので理学修士はともかくとして、博士を出すのはけしからん。当分の間、博士号は凍結するなら置いてやる」といって、それを念書で書けと言われたのだと思います。だからたぶん、向こうの念書にはいまだに残っているかもしれない。

その後、私が大学院担当として、理学系の大学院の教授会に来年度の非常勤講師のリストを出すということがありました。それぞれの課程が来年度こういう先生を非常勤講師に頼みたいというのは、それぞれの課程の勝手なわけだから、絶対に質問なんか出ないわけです。ところが、うちだけは必ず出る。例えば「今度お宅で非常勤講師として考えていらっしゃるこの方の業績リストを見ると、この論文は『思想』という雑誌に出ていますね。『思想』という雑誌にはレフェリー制度はあるのでしょうか」などと必ずお聞きになるのです。「『思想』にレフェリー制度という固定した制度はないけれど、載せていいかどうかわからないときは、原稿が『思想』の編集部から、しかるべきところに回ってくることはあるようですよ」というような答えを真面目にしていたのだけれど、結局それは何も質問ではなくて、嫌がらせだったのです。完全な嫌がらせなのです。それに耐えていたわけです。

それで、（大学院の課程ができて）最初のうちは、入学後の最初の説明会か何かで、申し訳ないけれど事情があって、いわゆる課程博士として、しかるべき年数と単位を取ったら、論文を出す資格ができて、いわゆるドクター・キャンディダシーが取れて、論文さえ書けばドクターが取れるだろうとは思わないでほしいという断りを申し上げていた。私たちはそれが義務だと思っていて、そういう時代がずっと続いていたわけです。そういうことも含めて、とにかく大学院を運営していかなければならなくなった状況というのが、教員の間ではある種の緊張関係を生んでいました。

――（斎藤）構想的にはどうだったのでしょうか、村上先生が大学院に入ったときとか、あるいはその前の学部のときのお話では、重要なキーワードとして、アマチュアリズムということが言われていたと思うのです。そこから時代が、七〇年代の半ばくらいになると、やっぱり一〇年から二〇年経っていますので、科学史もかなり制度化されてくる。そうすると、大学院教育はどういうようなカリキュラムを構成すべきかといったようなことはあったのか、なかったのかということについてはいかがでしょうか。

村上　実際の設立準備のアクメの時代には私はいませんでしたので、あまりはっきりしたことは申し上げられませんけれども、全体として見たときに、アカデミズムの中での科学史・科学哲学というものは、アメリカなんかでは大学が研究者養成のプログラムを持つようになっていましたし、国際的な学会なんかでも、そういう人たちが主になって活動していました。なお、教養学科も、いわゆる教養教育の延長だけで話が済むのかという思いは、別段、科史・科哲だけではなくて、他の領域にも広がっていたことは明らかです。ただ、他の領域の相当部分は「比較」（比較文学比較文化）が吸収していたというところがあったので、恐らく教養学科の中で、唯一理科的なところが半分ぐらいは大事だと考えている科史・科哲で、アカデミズムの中に居を占めるとすれば、どうしても理科系の大学院のなかに置かなければならない、とおそらく考えたのでしょう。

そして文字通りプロフェッショナルな立場では、伊東先生がアメリカから学位を持って帰っていらっしゃいまして、ファカルティ・スタッフとして正規の活動をなさるに至ったときに、当然アカデミズムの方向へ向かう。伊東先生の一番弟子とでもいうべきが佐々木力さんだったわけで、佐々木さんを（科哲のスタッフとして）呼ばれたのは伊東先生ですから、本当に信頼が厚かったわけです。後で佐々木さんは伊東先生に対してもある種の批判をするようになっていましたけれど、でも佐々木さんがプリンストンにいるころに交渉して呼んだのは伊東先生でしたから。

そうすると、大勢がそちらへ向き始めたから、どうしたって大学院が必要だということについては、しかも、それを理系に置かなければならないというところがおそらく了解されたのでしょう。つまり文系で、例えば歴史なんかの一部として置いたとすると、半分は科学の問題を扱うわけで、理系に置いて歴史を扱うのと、文系に置いて科学を扱うのとは、まるで違うという印象があったのはたしかです。それは日本の大学の構造からいってもそう言えると思うのです。ですから、そういう点からいうと、やっぱり理系に置かなければならないという必要性は否定しきれなかった。だから割合、卑屈になっても、とにかく理系に大学院を置きましょうという努力を、木村先生をはじめとしてなさったのだと思います。

――（廣野）先生は、僕らが学生のころ、科学史・科学哲学の研究があまりにもプロフェッショナルに向いちゃっていることに対しては批判なさっていて、「アマチュアリズムっていうのがなくなるのはどうもね」ということをおっしゃっていたと思うのですけれども、その辺りについてお聞かせいただきたいっていうのが第一点です。

二点めは、失礼な質問になるかもしれませんので無視してくださって結構なのですが、ご自分の学位についてはどう考えていらっしゃったのか。科哲のスタッフになって大学院のスタッフになったから、学位を取ろうと思えば簡単にお取りになれたはずだと。簡単に、というのは語弊がありますけど、割と制度的にはスムーズに取れる状況に置かれていたのに、あえてお取りにならなかったのは何か意図があったのかなというふうなこともお聞きしたいのですが。

村上　教養学科というところの持っている理念がアカデミズム一本やりだという認識は、私は今でも持っていません。それで、科史・科哲の場合でもそうでしょう。大学院ができてからでもジャーナリズムへ行く人も結構たくさんいましたし、そういうところで活動している人、例えば、大熊一夫さん。大熊さんは朝日新聞社に行ったでしょう。

大熊さんは実はバリトンのリサイタルをずっと開いている人なんです。全く余計な話だけど、向田邦子さんに『夜中の薔薇』というエッセイ集があります。私は向田さんが好きなもので、大体エッセイ集はみな読んでいますけど、その中に大熊一夫が出てくるのです。初めはびっくりしました。

向田さんが大熊一夫さんのリサイタルに行った。彼にないのは、聴衆に対する媚びと浅ましさだと。つまり、絶讃しているのです。一般的にいって、特にイタリアの歌曲だとかオペラなんかをやると、聴衆に対する媚びと、それから、媚びるばかりじゃなくて拍手を浴びたいというので、三点ハ音（基準音の二オクターブ上の音）の生の音を出そうとして、それを朗々と、こうやって響かせてブラボーをもらいたいというような歌手というのが歌手だとすれば、大熊一夫は歌手ではないという書き方がされているわけです。向田さんをしてそう言わしめたというのは相当なもので、あの人は毒舌家で知られていて、本当に言いたいことを言う人ですから。だから、それはものすごい褒め言葉なので、やっぱり彼の教養のしからしめるところでした。

大熊さんの一番の仕事は、ある精神病院に詐病で入って、一部の精神病院がいかに患者さんに対してひどいことをやっているかという、内部告発をする記事を書いたことで一躍名を上げた人です。朝日新聞社は適当なところで辞めて、たしか大阪大学の人間科学部の教授もやっていました。結構いろいろなキャリアを持っている人です。奥さんだった方は、由紀子さんといって、これも科哲の卒業生ですが、彼女は今、「ゆき．えにしネット」で医療関係の弱者をつなぐ、猛烈なキャンペーンと、それからコミュニティをつくって活躍しています。

とにかく大熊さんだってそうだし、やっぱり科哲が生み出したアマチュアリズムのよさというのは、私自身も経験していたわけだし。その意味では科哲がアカデミズムに一〇〇パーセント顔を向けてしまうことは、私は教養学部のブランチとしては、デパートメントとしては、もったいないのではないかと、今でも思っています。

それから学位を取らなかったのは、簡単な話です。とにかく、一時期は村上マンスリー、廣松ウィークリーと言われて、学位論文をものにするぐらいのエネルギーのあるころは、毎月一冊本が出るくらい本を書いていましたから。それを土台にして学位論文に仕立てれば、それはそれで済んだのかもしれないけれども、そこまですることないなという……。怠惰なだけです。

――（廣野）本そのものでドクターをお取りになるのは駄目だとかということがあったんですか。

村上 基本的にはあったでしょう。

昔は逆だった。一生かかって一冊、ものすごい生涯をかけた一冊をものにして、それを学位請求論文とするというのは昔からあったけれど、今は本でもいいんですかね。

――（廣野）今はもう、石井洋二郎先生など、「私も本で取りました。何か問題ありますか」と、理系の先生に言われたときに、啖呵を切っていましたので。

一九八〇年代末以降のシフト

――（斎藤）次は、八〇年代の終わりから現在にかけての質問に移ります。

「主に一九八〇年代から九〇年代に興隆した思潮や事態（ニューエイジ、チェルノブイリ原発事故、地球環境問題、サイエンス・ウォーズ、カルチュラル・スタディーズ、フェミニズム科学論など）は、ご自身の学問や思想の展開に何らかの影響を与えたのでしょうか。また、その際、「科学批判」と「反科学」の異同をどのように考えていらっしゃったのでしょうか。」

少し、前の問題ともつながったりしています。それから思潮や事態もランダムに挙げましたので、ちょっとレベルが違う問題が含み込まれていますけど、この辺りのところについて、お答えいただければと思います。

村上　この辺りで私にとって、ある意味では非常に大きなショックとも言えないけれども、自分自身、随分心を騒がせられた問題は中沢問題だったのです。いわばニューアカといわれている人たちが出てきて、その旗頭の一人であった中沢新一さんが、駒場の社会科学科のメンバーとして候補に挙がって人事委員会が設置されます。社会科学のブランチから委嘱があって、それで西部邁さん、山内昌之さん、社会学の見田宗介さん、それと私とそれだけかな、もう一人いたかな、という人事委員会が組まれた。それで、いろいろ検討した結果、ＯＫを出した。それが主として自然科学系の先生方の反対で、教授会でヴォート・ダウンされるという結果に終わったのです。これは今でも自然科学系の代表をなさった方の論法を非常に鮮明に覚えていますけれども、これはまさにサイエンス・ウォーズで起こったことと全く同じことなのです。中沢さんが自分のレトリックを使うときに時々、自然科学の用語をレトリックの中に挟み込む、それが自然科学系の先生方にとっては不本意であるというか、要するに自分たちの業界の言葉を、自分たちと同じ意味ではなくて勝手に使うなという、文字通りサイエンス・ウォーズと同じ構造が基になっていた。その他にニューアカというようなものに対する心理的反発もあったのだろうと思いますけれども。結果的に中沢氏は、むしろそれで名を上げたと言ってもいいのかもしれないけれど。彼は、中央大学に行ったのでしたね。

西部さんは、そのヴォート・ダウンで、東大に嫌気が差して、そこで辞表をたたきつけて辞めちゃうわけですけれど。私はそんなことをしなかった。でも私は、サイエンス・ウォーズはまだだったけど、カルチュラル・スタディーズとか、それからニューアカの方向性に対して、別段これがオルタナティヴだというふうには評価していませんでしたから、そんなに同情はしてなかったのです。でも中沢さんが入ってくることについては全然問題はないと思っていた。彼が駒場で貢献してくれるところがたくさんあるに違いないと思っていたから。だからＯＫだし、人事委員会では投票したのです。

いずれにしても、そういうことがあって、表層的な社会の動きに対して必ずしも自分はそれについていく種類の人間ではないなという思いは持った。中沢さんは、伯父さんに当たる方が中沢護人さんといって、鉄鋼の技術史に関しては専門家でいらっしゃるわけで、私もお目にかかったこともあるのですけれども、非常に篤実《とくじつ》な研究者でいらっしゃるのです。そういう意味もあって、別段、中沢さんに含むところは全くなかったですし、むしろ残念だと思ったけれど、西部さんと一緒に行動するつもりはなかった。そういう点では、これは、もうおわかりのとおりの、私の最大の欠点かもしれないけれども、何かことが起こって、そちらへずっと動いていく、あるいはそれに対して反対に動いていくというような社会全体の動きに対しては、いつでも白けているのが、私のおそらく最大の欠点かもしれない。そういう点で、今おっしゃった八〇年代から九〇年代へかけての、さまざまな社会の動きというものに対しては一線を画するという姿勢にあったのです。

八〇年代の思潮としてフェミニズムの科学論というのもありました。キャロライン・マーチャントの『自然の死』(工作舎)が翻訳されました。あれなんかは、それこそ論理的な欠陥がないわけではない。というのは、フェミニストの立場に立つとします。こういう論にならないでしょうか。もしも男性が社会のヘゲモニーを持っていなかったら、女性がヘゲモニーを持っていたとしたら、これほど自然に対しての暴力的な支配というのは起こらなかっただろうとするわけです。そういう主張をした瞬間に、実は自分たちはアンチフェミニズムの立場に立ってしまう。つまりフェミニズムというのは、男女の役割分担が根本的に違うというような姿勢に対して、反《アンチ》の姿勢を取らなければいけないはずです。しかし、そこで男女というのが明瞭に区別されるということで論理が成り立つというのは、どこか気になるなという思いがあるわけです。

私は、世間巷間《こうかん》に言われる反科学論者ではないということは、何回か宣言しています。だからといって科学は絶対だという方向で動いているわけでもない。どちらつかずと言えばどちらつかずで、それも私の欠点かもしれないけれども、しょうがないです。それは私の性《さが》ですから。

――（柿原）今、村上先生がおっしゃった反科学ではないのだということについて、少し前の質問のところにありました代々木系からの反発云々という話との関連でお聞きします。村上先生を含めて、廣松さんとか、あるいはクーンとか、そういう方々は、当時代々木系から反科学論者だというふうにレッテルを貼られていたと思いますが、反科学だと言われてしまっていたことに対してはどうお考えになっていたのでしょうか。

村上　柴谷さんが反科学論の驍将《ぎょうしょう》という形で世の中に立ってくださっていましたから、その陰で、そんなにインフルエンシャル――今SNSではインフルエンサーというのですか――ではないつもりでいましたから、レッテルを貼られていたかもしれないけれど、わかっている人はわかってくれていると思うようなところで、そんなにレッテル貼りに対して抗議もしないし、ここが違うよって強弁もしなかった。これも私の怠惰のせいでしょうかね。

でも、ある意味で反科学かもしれないところもあるわけです。科学の絶対性に対して常に、どこかにそうではない、オルタナティヴのものを認める、それが萩原さんが先程言ってくれた機能的寛容というようなところにもつながっていくことになる。そこのところは認めているわけです。

これは後でのお話になるのでしょうけれど、例えば、東京理科大学の科学教育の大学院課程の責任者に、塚本桓世理事長が招いて下さったのです。だから、ICUでの在職期間が終わった後、そこへ行ったのです。理事長の塚本さんが私に期待したのは、要するにあまりに理科教育というのが型にはまっていると。東京理科大学というのは明治の物理学校の時代から、中高の理科の先生を養成するという決定的な役割を担ってきた。だけれども、理科教育が今ほど硬直していていいのかということについて、少し風穴を開ける役割を担ってくれないかという思いを託されて赴任したのです。結局一年間しかいませんでしたけれども、そのような役割を全く果たせませんでした。このようなことは文科省もこれまでに何回か試みたでしょう。かつて（高校の）「理科I」という教科があって、みなさんの中で高校生の時に経験している方、いらっしゃらないでしょうか？

僕は一生懸命、その教科書を作ったのですよ。それが全く売れなかった。理由ははっきりしています。相手は高校一年生でしょう。高校一年生を教えるのに、理科Iという物化生地を乗り越えた科学の考え方を広く理解せしめるという目標はよかったかもしれないけれども、結局、高校の一年生を担当するのは、物理の先生ではない、バケ（化学）の先生でもない。たいてい、物理やバケは一年生は難しいから二年生、三年生に追いやられているわけです。そうすると、一年生を担当するのは地学の先生か生物の先生。そうでなければ、物理の部分は物理の先生がやって、と分担してやるということは随分行われたみたいです。一年生を担当するのが生物か地学の先生だとすると、生物か地学の先生が教えやすいように教科書が書かれていないと、これは採用されないわけです。結局、問題は教科書の内容もさることながら、現場の先生方の問題だ。現場の先生方というのは、文科省が定める指導要領の、この学年ではこの部分をこういう形で、きちんと生徒たちに要領よく教え込んで、試験にはこういうものが出るから、こういうことに対応できるだけの能力を付けときなさいということで、全てが終わっているわけです。中学校の先生もそうです。

そういう教育の現場の理科というものに対しては、ある種の神聖なイメージがあるわけです。そこから外れたことは一切駄目。これは何かに書いたから、皆さんの中に、もしかして読んでくださっている方もあるかもしれないですが、私は教科書の中で慣性のところを書いた。慣性というのは物体が静止をしているか、ある速度を持って運動している状態を維持しようとする性質であると書いたら、これが検定官に引っ掛かったのではなくて、教科書会社内部の編集者の検定に引っ掛かった。「この文章は落第です」と。「なんで落第かわからないんだったら、先生は自然科学は何であるかご存じないことになりますけど、いいんですか」と言われて、なおわからなかった。問題は、「しようとする」というのが、意志の助動詞が入っているというので、物体が意志を持つというような考え方が少しでも入り込むような表現は、理科の中では全く駄目であるというご託宣をいただいた。

それから、ある先生が、自然科学の中にも不確実なところがある、これは別段量子力学の不確定性を言っているわけではなくて、もう少し常識的な話として、全面的に答えが出ない領域というのがあるというような表現を使った途端に、これは検定官が「一切駄目」。科学に対する不信感を持たせるような理科の教科書というのは、あってはならない。これもはっきりしている。つまり科学に対して、そういう科学観が教育現場でも非常に強くはびこっている状況というのに対しては、私は反科学論者だなと、つくづく思います。だから反科学論者だと、そういう場面で言われても別段痛くもかゆくもないという思いはありますけど。

――（斎藤）　文科省の、今の村上先生がおっしゃったタイプと、代々木系のタイプがすごく似ているなという感じが、私としてはしてしまいました。

今までの話からいいますと、外から科学に対するアプローチをするというところとも関係していることであろうと思いますし、科学に対する、ある種、相対化とかそういうようなところとも関係しているのと思うのですが、用意した最後の質問です。

「村上先生は一九九〇年前後、少なくとも外見上は、研究の軸足を科学史・科学哲学から科学社会学・科学技術社会論へとシフトされたように拝察します。それは国内外の社会的状況や政治的状況の変化と関係しているのでしょうか。また、そのシフトは、ご自身の科学や科学技術に対する評価や把握の仕方の一貫性あるいは変化と関係するのでしょうか。加えて、科学社会学・科学技術社会論の観点から、近年の日本におけるイノベーションの推進や「科学技術・イノベーション基本法」の制定については、いかに評価していらっしゃいますか。」

村上　答えの半分は非常に簡単なんです。駒場の科学史・科学哲学、それから大学院での仕事をしているときに、学部長から「先端研というところがあって、そこでおまえさんを一本釣りしているんだけども、行くか行かないか」と言われて、そこが「科学技術と倫理」というデパートメントというかラボというかだったのです。ちょうど生命倫理というのが問題になっていて、つまり先程出てきたアシロマ会議が一九七五（昭和五〇）年ですから、ああいう形で、とにかく研究に対して何らかの形で足かせが必要なのかどうかということも、社会的な問題としてかなり大きくなっていた時代でした。「科学技術と倫理」ということでいうと、私と中学がほぼ同期の（彼女のほうが一年上ですが）中村桂子さんはその頃、三菱化成の生命科学研究所で社会生命科学研究室の室長をやっていました（彼女は今は生命誌研究者ですが）。私は中村さんと一緒に仕事することも多かったのです。彼女も今はあまり倫理の問題に入りこみたくないとしきりに言いますが、そのころは生命倫理みたいなことにも非常に積極的に発言していました。

あとは、ちょっと変わった存在ですが、木村利人さんという方（早稲田の人間科学部におられた）も、かなり積極的な姿勢を示しておられるところでした。たしかにそういう問題は、科学技術と哲学の中に倫理の問題も入るという点でいえばカバーしなければならない範囲だというので、先端研のそのデパートメントに赴任したわけです。ですから、そこで、倫理の問題というのを、単に理論的な問題として捉えるのではなくて、社会との関連で捉えなければならないという必然性から、私の目指す方向というのがかなり転換したことは、はっきりしています。それは、いわば外的な要素によってだというふうに考えてくださって結構だと思います。

それから、先程のヘルガ（・ノヴォトニー）の暗示が、やっぱりよみがえってきました。例えば4Sとか、それからSPRUとかいうようなところとの、海外の学会や研究機関との連絡も、こちらが行ったり向こうから人が来たりすることもあって、ほとんど必然的に重なっていきました。私は4Sの学会員になったことはないのですが、日本でもそうした方向の研究や教育を少しずつ広げていかなければいけないという義務感みたいなものは生じたと思います。

ですから、その一端としてユネスコの科学技術と倫理の委員会の、日本の委員にも任命されたし、当時の科学技術庁からのつながりでもあったわけですけれども、OECDの科学技術政策委員会という国際的な委員会の政府の代表かつ副議長にもなって、そういう点で使われることにもなりました。それから科学技術会議——これも科学技術庁が主宰していて、やがて文部省と一緒になりましたから文科省になったわけですが、それが今の総合科学技術・イノベーション会議です——というところで多少、政策論にもコミットしなければならない立場に立たされた。これも外からの刺激といえばそうです。そういう国際的な機構の中での仕事というのは、個人で参加していれば全く別の考えを持つかもしれないにせよ、とにかく日本政府の側から派遣される場合には、個人の意見陳述の機会などほとんどない。要するに、あるアジェンダがあらかじめ送られてくると、日本政府としては、どういう姿勢で臨むかということを各省庁が、科学技術というのはいろんな省庁に関わっていますから、もちろん文部省もそうだし、当時としては科学技術庁もそうだったし、通産省もそうだったし、いろんな省が重なっていますから、そういう省から出てきた人たちとの間ですり合わせをして、この問題についてはこういう姿勢でいきましょうということが、あらかじめ決められて、それを伝えるだけなのです、正直なところ。

そのころ一番の問題だったのがアメリカのスーパーコライダー、山手線が四つぐらい入ってしまうような円を走り回る加速器です。それをアメリカが造るというので、そのときの日本の首相はたしか宮澤喜一さんだったと思うけれど、宮澤さんからも「個人的に聞くけど、おまえ、あれをどう思う?」と問われた。巨額の金がかかるから、とにかく金を出せって、日本政府に対してものすごい圧力が来ていたのです。そこで、「のらりくらりと逃げていたらいいでしょう」と、日本流にやっていれば、と答えました。ところが、最初のOECDでの会議が、そのアジェンダだった。それで私は恐る恐る出ていって、のらりくらりをどういうふうに言おうかと思っていたら、アメリカの国務省から出てきているメンバーが、「実はあのアジェンダは撤回します」と言う。「議会が、金がかかりすぎるからというので通してくれなかった。それで、あのプロジェクトは終わりです」と言ってくれて、なんとうれしかったことか。ほっとしたのです。

そんなこともあって、多少政策レベルのところに関わり、コミットする機会が増えたのですけれども、その中で、すごく悲しかったことが一つある。それは日本の科学技術会議でのことですが、文部省のお役人が「皆さん、聞いてください」と、「私たちはポスドク一万人計画というのを立てました。これから実行しようと思います。新境地を切り開くんです」と言って、意欲満々なのです。それで、私はちょっと嫌みだったけれど、「わかりました。結構でしょう。その出口はどうするのですか」と文部省のお役人に聞いたのです。そうしたら、彼いわく「安心してください。ちゃんと手は打ってあります」。先進国へ調査団を派遣して、「先進国がポスドクをどう扱っているかを今調査中ですから、それに従ってやります」ということで、ポスドク一万人計画というのができたのです。日本の官僚って優秀だと言われていて、たしかに優秀なところもあるけれど、そのようなことでいいと思っていたのですから、どこか抜けているところもある。

その後、もう私の手を全く離れていた状況の中で、一九九五（平成七）年に科学技術基本法が通って、翌年から基本計画が五カ年計画で始まった。あのときに、唖然としたのは、基本法の中に人文社会系は除くとはっきり書いてある。

それが、基本計画では、ここ二回かな、人文社会系に助けを求めなきゃいけないとしきりに言い始めて、基本計画の中にも人文社会系がいかに科学技術基本計画にコントリビュートできるか、イノベーションをやっていくのに、人文社会系の助けは絶対必要だなどと言い始めているわけでしょう。それは、やっぱりいまさらなので……。

ただ、これは廣野さんなんかにも考えてほしいのだけど、科学と社会との関係という議論は、科学技術社会論みたいなものの中で、学問的にも今、成り立ちかけているわけでしょう？　でも、ヒューマニティーズと社会という議論の場は、どこにも成り立っていないのですよ。どこかで成り立たせて欲しいな。どうですか。

——（廣野）おっしゃるとおりだと思います。やっぱり科学は圧倒的に社会に対して影響力があるのだけれども、人文科学は社会に対して利益をもたらさないというのが常識になっているところが桎《しっ》梏《こく》になっているような気がしますので、そこから打破していかないといけないような気がします。

村上　だから、単に役立つとか役立たないとかではなくて、人文社会科学と社会という姿勢で議論をできる場がどうしてなかったのだろうと、いまさらのように感じているのですが。

——（廣野）コロナで「不要不急」の話がありましたが、それとリンクしていて、やっぱり人文系は不要不急だと見なされがちですよね。

村上　直接的な役に立つ立たないという議論をしてくれというのではないけれども、でも社会と全く無関係というわけにもいかない。とすれば、そこのところを、ＳＴＳじゃなくて、ＨＳというか、Humanities and Society という観点もあってもいいような気がするのだけどな、どうだろう。

——（廣野）伊東先生が文明と文化という話で、理系が文明で、ヒューマニティーズが文化で、という話をしかけたことがありますけれども、伊東先生は結局、文明論のほうで、文化のほうはあまり論じなくなっちゃいましたね。

村上　そうそう。文明のほうで、ものすごく大きな話になったのですよね。あれは素晴らしいけど、すごく大きな話でしょう。

――（廣野）文化というほうで、やっぱり社会とヒューマニティーズは関係していると思うので、伊東先生にも一度聞いてみたいところはあったのですけれども。

村上 ヒューマニティーズじゃないけれども、音楽家が今、ものすごく、それを感じている。自分たちが音楽を演奏するということが、一体社会にとってどうなのかということについて、本当に何人かの音楽家たちが真剣に考え始めた。これは明らかにコロナの結果ですけど。やっぱりそういう視点は欲しいなと思って、まだ現役の人にけしかけようかなと思っているところです。

――（斎藤）用意していました質問の最後までお答えいただきました。最後に、Humanities and Societyという領域が、あるいはそういう視点が欠落しているのではないかという問題提起をいただきました。全体を通じて、皆さんのほうから他に何か質問やコメントはないでしょうか。

安全学

――（廣野）STSに軸足を移された後、村上先生の成果として非常に大きいのは、村上安全学の成立ですよね。STSの中でもなんで安全というところに焦点を絞られたのかということをお伺いしておきたいのですが。

村上 これは割合、卑俗なモチーフなのです。要するに、医療の世界に対する関心というのを、私は父親が病理の医者だったこともあって、しかも私自身が医療によって命を助けられたということもあって、終生持ち続けています。医療の世界での安全に関して、はっきり覚えているきっかけは、北里大学の病院長をやっていらしたある先生が、もう四〇年前ですけれども、自分のところでは安全カンファレンスというのを始めましたとおっしゃって、毎週月曜日の朝に、それぞれの科で、その前の週に起こった、いわば、われわれのわかりやすい言葉でいえば、ヒヤリハット体験を報告する会にしてみましたとおっしゃったのです。

それは素晴らしいと思ったのですが、その結果として、こういう例が出てきたのです。新生児を取り上げた看護師さんが、はかりへ持っていく間に落っことしてしまった。幸い深刻なことは何も起こらなかったのだけれども、そういう報告があった。そのとき、「じゃあ、どういう処理をなさるんですか」と訊いたら、当然、叱責をする、注意をしなさいと言う。「それで済むんですか」と私はつい言ってしまったわけです。すると、「それで済まないんですか」とおっしゃる。ちょうど佐々木正人さんなどがアフォーダンスということを主張し始めていたころでしたから、ごく日常的なことで、例えばスイッチをどういうふうに置くかとか、レイアウトをどうするかということを私は頭に浮かべたので、「取り上げた場所から、はかりまでの動線を考え直すなんてことはなさらないんですか」と言うと、「なるほど。そういうこともありますかね」とおっしゃるのです。それで、これはいかんと思ったのです。ごく普通の事業所などではごく当たり前に行われている対策、安全対策とまでもいかないほどの対応の仕方というのが、医療の世界では全く遅れているということに気がついて、医療の世界で安全というのがどういうふうに扱われているのかということを調べ始めたのがきっかけなのです。

ですから、これは社会という全体のコンテクストよりも、もっと狭い、医療の問題に特化した問題意識であったというのが出発点です。

実際その後、アメリカの「医療の質（クオリティー・オブ・ヘルスケア）」というリポートが出たときに、アメリカでも他の事業分野に比べて医療の現場というのは、少なくとも一〇年は安全対策が遅れている、と明確に書いてあったのです。この報告書、*To Err Is Human* という英語のタイトルのものが、『人は誰でも間違える』（日本評論社）という日本語のタイトルになって翻訳されています。アメリカでさえというのは嫌な言い方だけれども、物事を割り切って合理的に処理することに、むしろ日本よりは長けていると思われるアメリカでさえ、医療の現場というのは日本と似たようなものだということを知らされて、なおさら医療について安全というのをどう確保していくのかということに、とにかく集約してやろうというのがきっかけでした。そこから少しずつ話は広げましたけれど。

いまだに医療の世界における安全というのは未熟です。ある病院で、フールプルーフ（間違った使い方をできないように設計しておく、あるいは誤った操作などをしても危険な事態を生じにくくするための安全対策を講じること）というのを考えなければいけませんと言ったら――そんなに直接的には言いませんでしたけど――、すぐに立ち上がったお医者さんが、「われわれをフールとは何事か」という反応だったわけです。「われわれは、コメディカルも含めて高度の技能習得者であって、決してフールではない。だからフールプルーフなんていう概念は、われわれの世界では成り立たないんだ」とおっしゃった。医療の世界って、そういう認識だったのですよ。

――（廣野）僕もリスク関係でいろいろな方と話すことがありますが、薬学部の先生と話す際に、人的なパワーだけで安全を確保できるものですかと訊くと、彼らは「私たちはスーパーマンだからできるんです」と言い切るのです。あれは先生の言うオルタナティヴのなさというか、失敗を想定することは失敗を許すことであって、失敗などしない覚悟をもってことにあたるべきで、失敗などを考えることはプロとして恥ずべきことだ、という意識からくるのでしょうか。私もなんでなんだろうなと、いつも考えてしまいます。

あと、安全学というネーミングについてなんですけれども、平川秀幸君（大阪大学COデザインセンター）や私などはリスク論という文脈からいつも考えるのですが、先生は、安全、安心、リスクという中で、安全というネーミングをお採りになったのはなぜか、ちょっと聞いておきたいなと思います。

村上　私の場合は、リスクは後から来たのです。安全を考えようとしたときにリスク論が視野に入ってきたのです。

――（廣野）　上智時代は、院生を受け入れる立場にあったのですか。上智時代にはお弟子さんというのはいらっしゃったのですか。指導学生ができるのは、東大に移ってからでしょうか。

村上　本当の意味で、プロフェッショナルなアカデミズムに入った人はいない。ただ、高校の先生をしながら和算の数学史の専門家になって、今も数学史学会で活躍をしている女性はいます。私は別に数学の専門家でもなんでもなかったのだけれども、論理学をやっていましたので、数学基礎論の出発点ぐらいのところは講義をしていたものですから。講義といっても、これは卒論ゼミみたいなものです。柳瀬研に卒論を書きたいといって集まってくる学生たちは千差万別でした。物理学基礎論だけではなくて、数学からも来るし、化学からも来るし、いろいろな人を相手にしなければいけない。柳瀬さん一人ではとてもやっていけないので、助手である私も、正式の卒論指導はできないけれども、実際上の卒論指導はいくつかやっていて、その中で数学関係の卒論指導をいくつか持っていた。ですから数学の専門家は何人か出ていますね。

――（小松）　用意していた質問の中で時間の関係で割愛した質問なのですけれども、大平内閣のときには、どのような経緯でその政策研究会に参与されたのでしょうか。

村上　大平さんの秘書官をやっていた人が（彼は大蔵官僚だったのだけれども）私の高校時代の一年先輩で、大変有能な人だったのです。彼が大平さんにすごく親炙《しんしゃ》していまして、「大平さんが、単に政治の世界ではなくて、知的な世界と交流しながら自分の背景となる政策立案にもゆくゆくは役立てようという計画を持っているんだけれども」ということで、「おまえも協力せい」と、先輩として、私のところに持ってきてくれました。話をいろいろ聞いてみると、大平さんというのは普通われわれがイメージしているような政治家とはひと味違う人だという印象を受けたものですから、協力することにしました。

ただ、このプログラムは、ものすごく幅広かったのです。一番影響力があったというか大物は、劇団四季の浅利慶太で、そういう芸術の世界の人も参加したプログラムもあるし、いくつもプログラムがあって、私は「科学技術の史的展開」というグループにいただけです。でも、あんなに楽しくも刺激的なプロジェクトというのは、ちょっとなかったような気がします。朝八時から一〇時までという会をずっと続けた覚えがありますけれど、大平さんは十いくつあるプロジェクトのどこかに、ほとんど必ず顔を出して、じかに話を聞いていました。彼が志半ばで亡くなったのは、とても残念な気が今でもしています。

――（斎藤）　まだまだお聞きすべき事柄はありますが、お約束しました時間も大きく過ぎておりますので、今回のインタビューは、ここで終了させていただきます。

学生時代から今世紀に至る先生の知的学問的歩みに関して、率直にお話しいただき、本当にありがとうございます。先生のご論考を、今回のお話に沿いながら再度勉強しなければ、という思いを深くいたしました。

村上先生、二回にわたり長時間お話しいただき、深く感謝いたします。ありがとうございました。

村上　いえいえ、こちらこそ。

理論転換の「三肢重層立体構造モデル」のポテンシャル

――アド・ホックなモデルから一般理論への転換に向けて

廣野喜幸

村上陽一郎（以下、敬称は略す）[1]は、一九六〇年代末から一九八〇年代半ばのおよそ一五年のあいだ、自らの科学哲学を練り上げ、とりわけ、科学の理論転換というテーマに狙いを定め[2]、諸論考を精力的に世に問い[3]、いわゆる相対主義陣営の代表的論客として活躍した[4]。中でも、村上の独創性が発揮されたのは、科学理論の転換に関する村上モデル（以下、Mモデル）の提唱においてであった[5]。本稿では、Mモデルに焦点を合わせ、歴史的文脈や内容・機能などを確認した後、これからの展開の見通しを探っていく。

一　科学の本態をめぐる神々の争い

近代自然科学（以下、科学）の本態をめぐっては、「神々の闘争」、あるいは「神と悪魔の闘争」――どちらが神でどちらが悪魔かは知る由もないが――が繰り広げられてきた。激しい応酬が交わされた一九六〇～一九七〇年代を経て、「サイエンス・ウォーズ」と呼ばれた、一層ヒートアップした時期を閲し[6]、今なおそれは続いている。絶対者同士の熾烈なこの戦い――その一部を、ギリシャの知恵の女神アテナと古代ローマの自由の女神リーベルタース（以下、リベルタスと表記）の争いに擬《なぞら》えることができるかもしれない――は、どちらも決して譲ることのない宿命を背負っているかのように見受けられる。「「神」と「悪魔」とのあいだには、なんらの相対化も妥協もない」[7]。しかも、「神々はたがいに争っており、しかもそれは永久にそうなのである」[8]。

科学の本態をめぐるかつての闘争では、密接に関係しあうが、さしあたり区別のつく以下の三つの論点をめぐり、激しい応酬が交わされた。（S1）科学は進歩して、「真理」に近づいていく、それゆえ、科学は合理的な自然認識をもたらすことができ、そうした認識は格別な尊重に値する⇔科学は変化するが、その変化は進歩ではない、したがって、科学による自然認識も、たとえば迷信による自然認識も等価であって、科学による認識は数ある自然認識の一つに過ぎず、格別な尊重を要求する権利をもっていない。（S2）われわれは事実を明らかにすることができ、そうした事実に支持されるか否かによって、妥当な理論と不適切な理論を識別することができる⇔「事実」は世界を解釈する図式に依存しており、理論の妥当性をチェックする審判の役割など果たせない。（S3）科学と非科学は識別できる⇔科学と非科学は連続的に変異するのであり、明瞭な分割線をもつことはない。

三つの論点すべてにおいて後者を唱える論者を、リベルタス派とここでは規定することにしよう[9]。リベルタス派の立場は、通常、相対主義的科学観などと呼ばれる。リベルタス派には、「穏健ならざる」クーン（Thomas Samuel Kuhn 1922-96）[10]、ファイヤアーベント（Paul Karl Feyerabend 1924-94）、ラトゥール（Bruno Latour 1947-2022）や、科学知識の社会学者たち、社会構築主義者たちが属す。

第一の論点で、前者に与する人々がアテナ派になる。アテナ派は、第二・第三の論点に対する態度に応じて、真アテナ派・連続主義的アテナ派・合理主義派の三つにさらに分かれる。(11) 三つの論点においてすべて前者に与する真アテナ派は、常識的科学観・ベーコン主義的科学観と言われ、「事実によって科学理論を評価できる、科学と非科学は識別できる」と考える。多くの科学者や論理実証主義を信奉する哲学者たちがこれに含まれる。科学をある領域に囲い込み、特別視するのを好まない一部の科学者たちは、洗練された常識が科学なのだとして、連続主義的アテナ派をなし、「事実によって科学理論を評価できる、科学と非科学は連続的につながっていて、明確な線引きなどできない」とする。ポパー（Karl Popper 1902-94）・ラカトシュ（Lakatos Imre 1922-74）・ローダン（Larry Laudan 1941-2022）・ニュートン＝スミス（William Newton-Smith 1943-2023）らの哲学者たちによって牽引されたのが、「合理主義者」陣営であり、「「事実」そのものなどわれわれは知りえない、われわれが知識として入手できるのは、ある解釈図式による解釈のみであり、それは解釈図式によって異なるのであって、一意的に確定できない、そのような性格を持つ解釈によっては、科学理論を評価できない、また、科学と非科学は識別できる」という立場を取る。

二　科学の進歩性

Mモデルの歴史的文脈を知るためには、リベルタス派とアテナ派の対立(12)について理解を深めておくのがよいだろう。

（二）仮説演繹法

科学という活動は、いわゆる仮説演繹法に則っているとする見解が広くもたれている。[13] 私たちなりに定式化すると、科学は、まず、「（H1）どのような方法でもよいので、説明したい現象を説明しうる仮説を案出する。（H2）仮説から、妥当な推論（＝演繹）によって、自然認識の上で実質的な意味をもつような、新たな予測を行う。（H3）この予測の正否を判定できる観察あるいは測定等の実験を計画し実施する。（H4a）得られる結果と予測が一致すれば、仮説を維持する。（H4b）予測と反する事例（反例、変則事例、アノーマリ）が得られた際は、実験がまずかったか、仮説がおかしかったか、いずれにせよ、どこかに問題があったと認められる。この場合、実験をし直す等々、改善に取り組む。他の問題ではないと考えるのなら、（H1）に戻り、仮説を作り直す」という流れに従う。工学者市川惇信が、仮説演繹法のこの過程を「仮説と実証のループ」（または「仮説と検証のループ」）と呼んだのは、[14]（H1）から始まった流れが、反例が得られた場合は（H1）に戻ることがあり、その場合はループをなすからである。

本論考では、（H3）の過程を「テスト」、（H3）の実験を「ガリレオ的実験」と呼ぶことにしよう。ガリレオ的実験の結果が、仮説からの予測に反した――反証された――場合、今しがた述べたように、仮説が作り直されることがある。そして、作り直された仮説からの予測とガリレオ的実験の結果が見事一致すれば、改善された仮説が得られたことになる。このパターンのループが続けば、仮説の改善が続くだろう。また、ガリレオ的実験の結果と仮説が一致した——検証された——場合も、必ずしもそこでプロセスが停止するわけではない。先の予測とはまた別の予測をなし、ガリレオ的実験の結果と一致すれば、仮説のもつ力量の大きさが明示されたことになり、それも仮説の改善とみなせるだろう。仮説はこのように二通りの経路によって改善されていく。そして、十分な改善過程を経て、また、様々な事柄を予測できる十分な力量をもつようになった仮説は、法則の地位を得ていく。

(二) アテナ派の見解

先にも述べたように、アテナ派は、第二・第三の論点によって、見解が分かれる。Mモデルを論じるにあたっては、第二の論点の相対意義は低い。そこで、まず第三の論点、次に第一の論点について、立場の相違を確認することにしよう。

ガリレオ的実験の仮説依存性

「仮説と実証のループ」がまわるためには、仮説からの予測とガリレオ的実験の結果が一致しているのか、不一致なのかが明晰に判定できなければならない。これについては、リベルタス陣営も合理主義派のポパーも、一致不一致など、確定できないと論じる。

実験動物学の祖の一人であるイタリアのスパランツァーニ（Lazzaro Spallanzani 1729-99）は、一七六〇年代に、以下のような実験を行った。フラスコを二つ用意し、栄養分の入ったスープをそれぞれにほぼ等量入れ、加熱による滅菌処理を施す。一方のフラスコはコルク栓によって塞がれるが、他方はガラスを熱して密封する。微生物は、生物ならざる物質から自然に生成するとする自然発生仮説のもとでは、どちらのフラスコにも微生物が発生すると予測される。一方、生物は生物に由来するという仮説のもとでは、微生物はコルク栓を抜け通り、コルク栓のフラスコ内に微生物が見られるようになるが、密封されたフラスコでは微生物は観察されないと予測できる。実験結果は、コルク栓のフラスコ内に微生物が見られたが、密封されたフラスコには見られなかったというものであった。かくして、スパランツァーニは生物由来説に軍配をあげた。

イギリスのニーダム（John Needham 1713-81）は自然発生説論者であり、スパランツァーニの実験を追試して、同一結果を得た。だが、「自然発生には〝正常な〟空気が必要なのであって、密閉した場合、この条件が満たされなくなるので、自然発生しなかったのだ」と説明し、スパランツァーニの解釈を拒んだ。ニーダム流の考え方によれば、自然発生説仮説のもとでも、コルク栓のフラスコ内に微生物は見られるが、空気に関する条件を欠く密封されたフラスコでは微生物は観察されないと予測できる。つまり、スパランツァーニの実験結果と一致すると判断されるのである(15)。

スパランツァーニの実験結果をスパランツァーニ流に解釈すると、自然発生説からの予測とは一致せず、生物由来説と一致することになる。一方、スパランツァーニの実験結果をニーダム流に解釈すると、自然発生説からの予測とも生物由来説とも一致することになる。このように、解釈如何によって、同じ実験結果と自然発生説が一致するか不一致なのかについて見解が分かれる。

同一の実験を行い、同一の結果を得ながら、解釈はまっこうから対立したわけです。コルク栓と完全密封のちがいを、スパランツァーニは、外界の微生物の芽胞がはいりこめるか否かのちがいだと言い、ニーダムは、外界の空気がはいれるか否かのちがいだ、というのでした。おなじ現象に関連して、解釈はいくとおりもあり得ることを、これは示しています。(16)

実験結果は同じであっても、その意味は解釈の仕方によって異なる。つまり、実験結果の意味は、それを解釈する仮説群に依存する。このように、実験結果という事実は、不動の固定点などではない。したがって、それを根拠に仮説の妥当性を判定したとしても、その判定が最終的なものであり、確実な結論をもたらすなどと考えることはできない。実験結果という事実には、仮説の妥当性を判定する能力などないのだ――こう考える一群の人々がいる。

しかし、そう考えない者も多い。一八世紀におけるニーダムとスパランツァーニの論争は、決着のつかぬまま、自然発生説を信奉するプーシェ（Félix Archimède Pouchet 1800–72）と生物由来説を唱えるパスツール（Louis Pasteur 1822–95）の対立に持ち越された。一八世紀に自然発生説論争が膠着状態に陥ったのは、外部からの微生物の侵入と、微生物が自然発生する空気条件が連動している（ように思えた）ことにあった。膠着状況を動かした要因の一つは、この連動を解除したパスツールの工夫にあったと言えるだろう。

パスツールは、一八六〇年代に、いわゆる「白鳥の首」フラスコを作成し、実験を試みた。このフラスコは、首の部分が白鳥の首のようにS字状に湾曲している。首部がフラスコ本体からまず上方に向かい、それから下方にまがり、再び上方へと伸び、開口する。開口しているから、微生物が自然発生する空気条件は満たされている。だが、開口部を通過した微生物は湾曲部分にたまり、そこから再度上昇してフラスコ本体に入り込むことはまずない。自然発生説は、「白鳥の首」フラスコでも微生物がそのうち観察されるようになると予測する。生物由来説による予測では観察されない。そして、「白鳥の首」フラスコ実験では、微生物は発生しなかった。それゆえ、生物由来説の信憑性が高くなった。

ニーダム＝スパランツァーニ論争において、実験の意味は、解釈する枠組みによって異なり、「事実」を確定することはかなわなかった。確定されていないのだから、「事実」が仮説の適切さを判定することなど、できはしない。しかし、パスツールは、自然発生説論者の解釈枠組みにおいても、自然発生説の信憑性が低いことを示して見せた。こうして、解釈の幅を縮減することに成功し、一致不一致に関する見解の不一致を解消したのである。もちろん、「白鳥の首」フラスコ実験においても、あくまで自然発生説を救わんとして、また別の解釈枠組みを考案し、一致不一致に関する見解を不一致に引き戻すこともできたであろう(17)。「白鳥の首」フラスコ実験によって、自然発生説は最終的に葬られ、生物由来説が勝利したのだと、巷間、述べられることがあるが、最終的決着をつけるようなガリレオ的実験など、存在しない。「フランチェスコ・レディからスパランツァーニを経てパストゥールに至る系列の大生物学者たちの仕事は、自然発生の可能性を究極的に否定し去ったのではない、それを事実と主張する人たちの論拠を一つ一つ克明に否定した、という点にかかっておりました(18)」。

だが、歴史的事実として、パスツールによる一八六〇年代の「白鳥の首」フラスコ実験以降、自然発生説は、急速に萎んでいった。もとより最終決着ではないにしても、長期に続く暫定的な安定解を得ることはできたのだとは言えるだろう。なるほど、実験結果という事実は、解釈の仕方によって意味が異なってくる。しかし、意味が収斂する場合も多いのであって、そうした場合には、仮説依存的な〝事実〟も意味が安定し、ターゲットとなっている仮説のどちらがよりましなのかを判定できると考えられるのである。

この論点に関する村上の結論は以下のようなものである。「「事実」が「人の手で造り出された虚構」である、というのはいかにもふしぎなようですが、先に述べたように「見る」という行為がそもそも、人間の側からの「造り出す」という作業を含んでいるとすれば、それは当然のことになるでしょう。「裸の事実」というのはむしろあり得ず、あるのはつねに、人間の側のある働きを媒介として「造り出された事実」であることになるからです」(『新しい科学論』一六六頁)。「「事実」が、理論に対して裁判官の役割を果たすことはできない相談なのです」(同、一八七頁)。村上がリベルタス派であったことは明白であろう。

科学は進歩する

次に、リベルタス派とアテナ派を分かつ論点を確認しておくことにしよう。一八三四年、クラペイロン(Benoit Clapeyron 1799-1864)は、「気体の状態方程式」

$$PV = nRT$$

を提唱した(P:圧力、V:理想気体が占める体積、n:物質量〔モル〕、R:モル気体定数〔具体的にはR=8.314462618……J/K・モル〕、T:絶対温度〔K=ケルビン〕)。なお、一モルとは6.02214076×10^{23}個の要素粒子（この場合は気体分子）のことである。一定量の気体が同一温度にあるとき、気体の状態方程式の右辺は定数であり、圧力と体積は反比例している。また、圧力が一定だとすると、体積と絶対温度は比例する。つまり、気体の状態方程式は、「気体について、それが同一温度にあるとき、圧力と体積は反比例し、圧力が一定のとき、体積と絶対温度は比例する」ことを主張する仮説である。

一八三九—五三年にかけて、ルニョー（Henri Victor Regnault 1810-78）は「気体の状態方程式」仮説をガリレオ的実験によるテストにかけた。そして、圧力が高いとき、または温度が低い場合、「気体の状態方程式」仮説による予想と実験結果は一致しないことを見いだした。ルニョーの実験は注意深いものであったし、気体の状態方程式によると、一定温度のもとでは圧力が高くなればなるほど、体積はゼロに近づいていくことになるが、気体分子も体積をもつのだから、そのようなことはないはずであり、「気体の状態方程式」仮説に改善の余地があることが強く示唆されるに至った。

一八七三年の博士学位論文で、ファン・デル・ワールス（Johannes van der Waals 1837-1923）は、

$$\left\{p+a\left(\frac{n}{V}\right)^2\right\}(V-nb)=nRT$$

（a：分子間力による効果を反映するファン・デル・ワールス定数、b：分子の体積による効果を反映するファン・デル・ワールス定数）という、新たな「気体の状態方程式」仮説（ファン・デル・ワールス方程式）を提唱したが、これは、ルニョーの実験結果とよく一致した[19]。

この場合、クラペイロンによる「気体の状態方程式」が出発点となる仮説である（H１）。ルニョーの実施したガリレオ的実験によって「気体の状態方程式」がテストにかけられた（H２、H３）。その結果、反例が得られたので（H４b）、「気体の状態方程式」が改善されるべきか、ルニョーによる

実験がおかしかったか等々の分岐点に立たされることになった。ファン・デル・ワールスは、ルニョーの実験を信頼し、クラペイロンの「気体の状態方程式」の改善を試み、ファン・デル・ワールス式を考案するに至った（H1に戻る）。そして、ファン・デル・ワールス式はルニョーの実験結果と一致した（H4a）。

このように、「仮説と実証のループ」を経ることによって、科学は進歩していくのだという進歩史観が存在する。「まさに今述べたことが、科学がいかに進歩するかについて、決定的に重要なのだ。仮説は常に試され続ける。よい仮説は生き続け、悪い仮説は捨てられる。このような過程を踏むからこそ、科学は自己を修正しつづけることができる[20]」。こうして、不断の自己修正によって、科学がもたらす自然認識は、真理に漸近していく。日常的な力学現象についてのニュートン力学、あるいは日常的な電磁気現象を体系化したマックスウェル（James Clark Maxwell 1831-79）の電磁気学などは、ほぼ真理とみなしてよい程度にまで、真理に漸近しているとされる。自然認識において、仮説演繹法は最善のアプローチ方法とみなしてよい。「科学は仮説構築の連続であり、対立競合する仮説を観察に対して照合することによって、より事実に近い仮説を選び出していく手続きである。これ以外に、私たちを取り巻く自然界に関する知識を得るための、よりよい方法があるだろうか？[21]」かくまで真理に近づいた自然認識を与える科学は、また、それを支えている仮説演繹法というアプローチは、格別の尊重に値する。以上が、アテナ派の基本的見解となるだろう。

科学革命をまたぐ仮説の変化は前進ではない

なるほど、気体の状態方程式の例では、科学は進歩しているのかもしれない。しかし、本例は局所的な修正――ノーベル賞まで得た研究に対して、不適切な表現かもしれないが――にすぎない。科学の歴史を尋ねると、仮説が大域的に変更される事例も稀ではない。例えば、一九七五年発行の書籍は、山はどうできるかをこう説明している（地向斜造山論）。

①大陸から川によって運搬された物質が海底にたい積する。地層がある程度厚くなると海底が下がる。地層のたい積につれて海底がさがるような海域を想定してこれを地向斜という。②〔…〕浸食するにつれ上昇していくような陸域を地背斜と名付けた。③地向斜の中でさかんに海底火山活動がおこり、火山灰やよう岩を流出する。〔…〕④地層がある程度厚くなると、しわ（しゅう曲という）をよせはじめ、はじめは低い山脈をつくる。〔…〕⑤しゅう曲はさらに進み、山地はますます高くなり、大山脈が創られる。[22]

造山現象の説明は、二〇一二年になると、プレート・テクトニクス理論を基盤にしたそれに様変わりを遂げる。

プレートが生まれるのは、海嶺のような拡大軸です。そこでは玄武岩が大量に流れ出て、枕状溶岩などさまざまな溶岩が積み重なったもの（パイル）をつくります。これが次第に盛り上がった地形となり、それが長い距離にわたって連続して形成されたものが、海底の巨大な山脈である中央海嶺です。〔…〕拡大し移動するプレート〔…〕が〔移動先の海溝に〕沈み込むと、大量の堆積物がブルドーザーでかき上げられたように陸側に押し上げられて付加体を形成し、山をつくります。また、大陸地殻を持つプレートどうしが衝突すると、沈み込めず山脈を形成します。ヒマラヤ山脈がその例です。(23)

新たな仮説においては、「地向斜」「地背斜」といった専門用語はまったく出てこなくなる。「プレート」「付加体」に取って代わられているのが、お分かりだろう。

気体の状態方程式における「仮説の前進」では、用語・概念系は基本的に同一であった。そして、ファン・デル・ワールス方程式において、$a=0$ および $b=0$ とすれば、クラペイロンによる気体の状態方程式が導出できる。つまり、ファン・デル・ワールス方程式はクラペイロン方程式の拡張になっている。換言すると、ファン・デル・ワールス方程式はクラペイロン方程式を包括している。こうした「仮説の包括的前進」は他にも見られる。例えば、ジェームズ・ボンドの自動車が速さ v で進んでいて、追っているスペクターの自動車に、ジェームズ・ボンドの自動車から見て速さ u でミサイルを発射したとき、地上で一箇所に静止している人物から見ると、ニュートン力学によればミサイルは $v+u$ の速さで進んでいると観察できる。しかし、ニュートン力学を包括的に前進させた、相対論的力学では、ミサイルの速度の正しい値を与える数式は、$(v+u)/(1+vu/c^2)$ である（c は光速であり、およそ秒速三〇万キロメートル）。光速は一秒間に地球を七回り半する速さである。これに比べれば、自動車の速さもミサイルの速さも圧倒的に小さく、vu/c^2は限りなくゼロに近くなり、相対論的力学における合成速度の数式の値は、ニュートン力学における合成速度の数式のそれと一致する。

また、量子力学の基本方程式であるシュレディンガー方程式は、古典力学のハミルトン－ヤコビ方程式を包括している。

用語・概念系は、クーンの流儀だとパラダイム（paradigm）あるいは学問母型（disciplinary matrix）と称される。また、あるパラダイムのもとで実施される自然研究は「通常科学（normal science）」と言われ、通常科学における研究の遂行は「パズル解き」に擬せられる。さらに、あるパラダイムから別のパラダイムに移行することは「科学革命（scientific revolution）」と呼ばれる。

クラペイロンによる「気体の状態方程式」から、ファン・デル・ワールスの「気体の状態方程式」への改善は、用語・概念系は基本的に同一に保たれているのであり、通常科学が営まれる中での包括的前進である。このように、通常科学においては、仮説は包括的に前進する。見解が大きく分かれるのは、科学革命が起こった際、つまり、ある用語・概念系に従う通常科学Aから別の流儀の通常科学Bへ「転換」した際、BはAよりも進歩していると言ってよいかどうか、である。

リベルタス派の通説では、ニュートン力学と相対論的力学は別のパラダイムに属する。ニュートン力学においては、光速が有限値であるという理解はない。相対論的力学においては、質量はエネルギーに転換可能なものとして了解されるが、ニュートン力学では、そうではない。ニュートン力学では、時空は絶対空間・絶対時間と想定され、諸々の事件の起こる普遍・不変な舞台と了解されるが、相対論的力学では、時空はまさに相対的存在であり、伸び縮みする。したがって、ニュートン力学から相対論的力学への歴史的進展は、パラダイム転換であり、科学革命とみなされる。

ある論者たちにとって、あるパラダイム内の仮説の前進と、別のパラダイム間をまたぐ二つの仮説における「前進的進展」に、本質的な相違はない。「仮説と実証のループ」において、あるときに実に斬新な仮説が立てられたにすぎない。クラペイロン方程式からファン・デル・ワールス方程式への包括的前進、ニュートン力学における相対速度式から相対論的力学におけるそれへの包括的前進、ハミルトン–ヤコビ方程式からシュレディンガー方程式への包括的前進は、その本態において、何らか変わるところはない。それゆえ、ニュートン力学から相対論的力学、ニュートン力学から量子力学への歴史的転換は進歩と考えられる、という次第である。

他の論者たちは、そうでないと断じる。クーンの流れを汲む人々によれば、ニュートン力学における質量と相対論的力学における質量は別概念だとみなさなければならない。なるほど確かに、ニュートン力学における速度の合成則と相対論的力学におけるそれは、数式としては、形式的には、包括的前進の関係にある。しかし、相対論的力学において vu/c^2 をゼロとして得られた $v+u$ と、ニュートン力学における $v+u$ は、見かけ上は同じだが、前者においては、光速は有限値であるという条件・含意を伴った $v+u$ であるのに対して、後者においては、そのような条件はなく、$c+c$ なる計算を許すものとしての $v+u$ なのであって、決して両者を同一の用語・概念系とみなしてはならない。数式が意味を持つ「意味空間」が両者は異なるのであり、意味空間を担うものとしての数式としては、両者は別物なのである。こうした事態をリベルタス派は「共約不可能（incommensurable）」と形容した[24]。

通常科学における包括的前進は、同一の意味空間内の出来事であるのに対し、パラダイム間を移行する包括的前進は、ある意味空間から別の意味空間への「跳び越え」が伴っている点で、本態において異なっており、決して両者を同一とみることはできない。先にも述べたように、通常科学において仮説が包括的に前進していく事態を、クーンは「パズル解き」と呼んだ。[25]そこでは様々なパズルが解かれていくのだが、それらの諸パズルは、本態としては同質なパズルにすぎない。様々なクロスワード・パズルが解かれはするのだが、そして、クロスワード・パズルの難易度は上がっていくのだが、クロスワード・パズルである点では、同じである。しかし、科学革命が起こった際は、まったく異なる種類のパズル解きが開始されるとみなければならない。クロスワード・パズルから数独にゲームの種類が変化するのである。両者を比べたときに、どちらが進歩しているとは言えないように、ニュートン力学というゲームと相対論的力学というゲームを、進歩の観点から比較することは不毛である。

科学の進歩に関しては、このように見解が大きく二つに分かれる。この論点に関する村上の所説は、次のようなものであった。まず、村上は、「「科学の進歩主義」まで怪しくなってしまうのです。クーンという研究者は、こうして科学理論が変換する過程を「進歩」と呼ぶことをあきらめて、それを「革命」と呼んだのでした。〔…〕わたしも基本的にはそれに賛成です〔…〕」(『新しい科学論』一九七頁)と述べ、科学の進歩性を認めない。そして、「自然科学こそ優れて客観的だという常識的な主張は、むしろここでは壊れてしまっているのではないでしょうか。〔…〕日常的なものの方が科学的なものより、より客観性がある、というのは、それでよいのでしょうか。わたしはそれでよいのだ、という立場に立ちます」(同、一八二―一八三頁)、あるいは、「自然科学だけは、時代や社会から切り離され、離陸した知識体系として看做されてしまう。しかしそれではどうも、話が実情に合わなくなる」（『歴史としての科学』七七頁）と、科学の特権性を認めない。リベルタス派の面目躍如といったところであろう。

三　Mモデル

（一）Mモデル考案の動機

科学には合理的アプローチ法があり、それに従っていれば、自然を正しく認識できると常識的科学観は考えていた。しかし、そのような考え方は歴史の実情に合わず、従いさえすれば機械的に妥当な自然認識をもたらしてくれるような、唯一無二の合理的アプローチ法など存在せず、実にさまざまなアプローチ法によって自然の姿が露わにされてきたことを、クーンやファイヤアーベントは明らかにした。これはリベルタス派の功績である。だが、唯一無二の合理的アプローチ法など存在しないとしても、有力ないくつかのアプローチ法があると考えることもできるのだが、ファイヤアーベントは、祈禱であれ透視であれ何であれ、どんなアプローチ法によって明らかにされた自然認識もすべて等価だとする極論に走った。ファイヤアーベントはこのテーゼを証明することなく、ただ繰り返すのみである。また、ニュートン力学における質量と相対性理論における質量は同一概念ではない点に注意を促したのも、リベルタス派の貢献である。とはいえ、同一概念でないことは、まったく別概念であることを意味しない。ニュートン力学における質量と相対性理論における質量は、意味の重なるところも多いのではないだろうか。しかし、ファイヤアーベントと「穏やかならざるクーン」は、同一概念でない場合、共約不可能性なる用語で、両者はあたかも別概念であるかのように議論を進めてしまう。村上は終始、リベルタス派の立場を崩さなかった。しかし、クーンやファイアーベントに見受けられる上記の問題点を、決して見過ごして済ませたわけではない。村上はこう述べている。「Kuhn のように、だから二つの理論系の間には「共約可能性」がない、と主張することは、筆者には行き過ぎのように思われるのである」[26]。「二つの理論の間に全く共通する部分がないことを言い立てた結果、例えば同じ「質量」という語が、古典論と相対論の双方で用いられることの必然性まで、あるいは科学史の連続性まで、無視してしまうという対価を支払わなければならなくなった」[27]。前者について、噛み砕いて次のように述べ直してもいる。

クーンやファイヤアーベントが言い出したインコメンシュラビリティ、科学論における共約不可能性の問題というのは、〔…〕問題が残るということは彼らも感じているはずなんですね。〔…〕うわけですね。古典力学のなかで使われている〈質量〉という概念をどちらも使「古典論と相対論」や「古典論と量子力学」の場合では、同じ〈質量〉と相対論のなかで使われる〈質量〉は確かに、後者では $E=mc^2$ というような意味合いをちゃんと与えてくれるようなものとして〈質量〉m を使いますし、前者ではそういうことはまず一切無視している。だからそういう意味でセマンティクスがホーリスティックに言うと違うという議論は、議論としては成り立つけれども、しかしじゃあ古典論における〈質量〉と相対論における〈質量〉とが全く意味論的に重なり合うところがないかというと、今度は、もしそうなら別の言葉を使うほうがはるかにいいということになる。〔…〕古典力学と相対論の場合には、誤解を敢えて引き受けてでも同じ〈質量〉という言葉を使わなければならない事情があるはずだ、というところがある。[28]

共約不可能性なる考え方のもつ欠陥を免れつつ、しかし、リベルタス派であり続けること、これが村上の科学哲学の目標になる。

私は、革命主義の大筋には賛成しつつ、ということは、理論どうしの本質的な不連続性という考え方を基本的には受け容れつつ、〔…〕理論と理論どうしをある形で共約するような理論上の仕組みが、あってしかるべきだ、と思うのです。言い換えると、〔…〕理論どうしの連続性を（ある限定された形で）保証することが、革命主義の課題として、残されていると、思うのです。
（『科学のダイナミックス』一〇四頁）

それを可能にするのが、Mモデルなのである。

(二) Mモデルの構造

医師集団は、心電図判読法や脳波判読法などを身につけ、心電図や脳波などを通して、ある人に、例えば不整脈やてんかんを見いだす。一方、医学の素人である一般市民は、日常における図形読み取り法のレベルに留まるため、心電図や脳波にそこに記されている線描画を見てとるだけであり、そうした直線・曲線群を身体に結びつけて意味を与えることができない。

村上は両者に通底する様式として、「「われわれ」（主体）がある「言語」系（方法）によって「世界」（対象）を認識する」というあり方を見いだす。このように、認識とはすべからく、ある主体がある方法にしたがってある対象を認識することに他ならない。つまり、認識という作用は、主体・方法・対象という三つの要素から構成される。三肢構造と形容される所以である。

専門家集団と一般市民は、同じ様式に基づいて認識するのだが、認識内容に違いが生じる。村上によれば、そうした差異は、認識様式の異なる層位（レイヤー）において生じる。心電図に即して述べると、循環器病を専門とする医師集団という層位においては、「循環器病を専門とする医師集団である「われわれⅢ」が、循環器病学なる「理論言語Ⅲ」によって、（心臓に病変のある）「世界Ⅲ」を認識する」という三肢構造が成立しており、一般市民にあっては、「一般市民である「原われわれ＝われわれⅠ」が、「日常言語」によって、（単なる線描画である）「世界Ⅰ」を認識する」という三肢構造が認められるがゆえに、認識内容が異なってくるのである。このように、三肢構造は複層的に構築されているのであり、それゆえ、重層構造だと言い表される。

人はまず一般市民の層位において認識様式を身につけ、その後、例えば医師になるにあたって、医学一般の認識様式である「医師集団である「われわれⅡ」」が、医学なる「理論言語Ⅱ」によって、「世界Ⅱ」を認識する」という三肢構造を習得し、さらに循環器病の専門医として育っていく。したがって、日常言語系が最基底的であって、その基底の上に理論言語系がいくつも積み重なっていく（村上は層位のレベルをローマ数字で表した）。このように、複層構造は立体的に捉えられるべきである。

認識は、主体と対象の協働によってもたらされる。両者を繋ぐ認識の方法を、村上は言語系に求めた。言語と認識の関係は、現在の言語学では次のように考えられている。「ブナ」「カエデ」「サクラ」「ミズキ」「イワシ」「タイ」「スズキ」といった、科学的な分類における一般カテゴリーは、「まったく異なる言語グループに属し、文化も非常に大きく異なる言語同士でも非常に一致度が高い」[29]。こうしたカテゴリーの名称は基礎語と呼ばれるが、「基礎語のカテゴリーのつくり方は言語の間でかなり普遍性がある」(同上)。だが、「色やモノの認識では、言語による話者の認識の違いは、広範囲に及ぶ本質的なものではなく、カテゴリーの境界を歪めたり、分類のときに注目する知覚特徴が少し変わったりする程度[30]」である。これに対し、「空間関係や時間に関しては、どのような言語を話すかによって、大きく認識の仕方が異なっている」(同上)。

総じて言うと、日本語の話者はその認識(の少なくともある部分)が日本語によって規定されていて、英語の話者はその認識が英語によって規定され、……といった具合になっている。したがって、層Ⅰのレベルにおける「日常言語」を単一のものと捉えてはならず、「日常言語(日本語)」「日常言語(英語)」……というように、複数認めなければならないはずであることは注意を要する。

日本語話者集団は、日本語によって、世界を認識しながら、そのうちある人々は医学を学び、日本語とともに医学言語を用いる「バイリンガル」になっていく。同様にして、英語話者集団は、英語によって、世界を認識しながら、やはりそのうちある人々は医学を学び、医学言語をも用いるようになる。日常言語は語義が曖昧であったり、暗黙知に多く頼っていることが多いが、理論言語である医学言語は、語の概念をできるだけ明確にした上で、運用されることが求められるので、日本語話者であっても、英語話者であっても、それぞれの日常言語からの依存性をさしあたり断ち切って、医学言語の世界で円滑なコミュニケーションが可能になる。日本語話者のうち別の人々は音楽言語で他の日常言語の話者と層Ⅱのレベルで音楽の専門家集団を形成する。こうした層Ⅱよりもさらに高階の層Ⅲにおいて、循環器病の専門家集団やチェロ奏者集団が、それぞれの理論言語Ⅲで世界Ⅲを認識する。

かくして、各種の日常言語という多くの根から出た枝が融合して節（ノード）という理論言語（たとえば、物理学）を形成し、また別の枝々が節（別の理論言語、たとえば生物学）をつくり、多くの節ができ、そして、それぞれの節から出た枝の先にまた節をつくる網目状＝樹状構造を想定するのがMモデルである。

(三) Mモデルによるリベルタス派擁護

Mモデルにおいては、ある心電図は、循環器学の理論言語においてある病気を意味し、日常言語ではそうでない（＝意味不明）ように、言語nによって世界nの意味空間が築かれる。つまり、事実（＝世界）は仮説（＝言語）に依存している。したがって、事実は理論の適否を判定できるかという第二の論点について、Mモデルはリベルタス派の見解と軌を一にする。

また、概念の厳密さ、あるいは明確さにおいて程度の差があるにせよ、日常言語も理論言語も同じく三肢構造を有している。その限りで同質であって、理論言語（＝科学）と日常言語（＝非科学）は連続的である。それゆえ、両者を明確に分かとうとする、論理実証主義やポパーたちの試みは、Mモデルからすると、成就を期待できない。第三の論点においても、Mモデルはリベルタス派を支持する。

科学の進展を進歩・前進とみるべきか、単なる変化とみるべきかという第一の論点は、村上が主たるターゲットとした理論転換のテーマそのものである。そして、科学革命における理論転換は、包括的前進とみるべきではなく、あくまで単なる変化にすぎないのだが、共約不可能性なる概念——「穏やかならざるクーン」やファイヤアーベントが導入した——に依拠したその説明には無理が伴うとして村上が退けたのは、すでに見てきた通りである。村上の見解は、Mモデルによって、以下のように説かれる。

気体の状態に関するクラペイロンの式からファン・デル・ワールスの式への移行は、同じ層レベルにおける理論言語の、比較的連続的な進展であり、包括的前進であるとみなすことができるであろう。そこには概念系の変容は認められない。実質的に同一の概念系による議論の精密化・厳密化がなされているのだから。しかし、中世のインペトゥス（いきおい）理論からニュートン力学への転換、ニュートン力学から相対性理論への転換、ニュートン力学から量子力学への転換、地向斜造山論からプレート・テクトニクス理論による造山論への転換は、そうではない。そこに見られる概念系の変容は、既成の概念系を一度ご破算にしたうえで、一段あるいはそれ以上より基底的な理論言語へ、あるいは日常言語から以前とは異なる方向に向けて、新たな概念系を創出したと考える方がより適切なのである。常識的科学観は、理論に進展が認められると、言わば、親である理論言語Ⅲaが子である理論言語Ⅲbに進歩したと考えてしまう。しかし、科学革命と称される理論転換にあっては、理論言語Ⅲaは捨て去られ、まったく新たに理論言語Ⅲbが打ち立てられたとみなすべきなのである。理論言語Ⅲaも理論言語Ⅲbも、理論言語Ⅱや日常言語の子や孫なのであり、両者は親子関係ではなく、きょうだい関係にあると言えよう。理論言語Ⅲａのある概念系Ⅲａ１は、理論言語Ⅱや日常言語のある概念系（例えば、理論言語Ⅱａ１や日常言語ａ１）と重なりあっているが、その重なり合っている概念系を出発点・母体として、理論言語Ⅲｂにおける新たな概念系Ⅱｂ１が創出されたのであり、それゆえ、概念系Ⅲａ１と概念系Ⅱｂ１は、より基底的な層を介して間接的に共約可能でありながら、直接的には共約可能ではなく、理論言語Ⅲｂは理論言語Ⅲａの進歩形態、包括的前進とは言えないという結論が導きだされる。かくして、Ｍモデルは、村上所期の目的をさしあたり無事達成する。

理論転換の起こる要因についても、村上はクーンとは異なる構想を披瀝する（『非日常性の意味と構造』）。クーンは、新パラダイムが探求されはじめる主な要因を、従前のパラダイムでは説明できない変則事例に対する危機意識が増大することに求めた。だが、村上によると、「知識は「意味」と「構造」の回復を求めて、結果的にパラダイムの交代を誘う」（同、六九頁）のだという。すでに見たように、科学と非科学は連続的だと村上は見るのだが、その連続性はスペクトルのような平板なあり方をしているとのみ捉えてはならず、ある種の立体構造のもとにあると見なければならない。「科学と非科学、科学的合理主義と神秘主義の関係は、〔…〕截然たる相互の独立を維持し得るものではなかった。むしろ科学と呼ばれるものが、どれほど非科学の領域からつねに、またくり返し、さまざまな着想や立論の根拠から動機や契機やらを受け取り続けているか、ということが、今日ではようやくかなりな程度に理解されるに到っている」（同、三四頁）。

変成岩の物理化学的研究や、プレート・テクトニクス理論に岩石学を組み込むことに大きな成果をあげた地質学者の都城秋穂（1920-2008）によると、「研究者の能力は、有効な作業仮説を見つけるかどうかに、最もよく現われる[31]」。そして、その有効な「仮説を発見する手続きは論理的なものではなく、天才の神秘的直観や、自然観上の先入観や、そのほかさまざまの心理的要因によって支配される[32]」。ケクレが有機化合物の六員環構造を着想したのは、夢からのイメージによってであった。つまり、神秘的な非科学の領域が、合理的な科学への、有効な着想の供給源となっている。

しかし、通常科学が進展すると、次の事態に陥ってしまうと都城は言う。

> 一つの新しい理論は、何かの新しい発想があってはじまる。それからある期間は、その理論を支持する新しい事実が発見されたり、一見矛盾するかのようにみえる事実が見つかる。しかし、はじめは矛盾するかのようにみえた事実が、その理論の修正拡張によって、その理論の中に組み込まれるかもしれない。そうすると、その理論は大きく進歩する。その研究が有望だとみえてくると、しだいに多くの人がその研究に参加し、進歩が早くなる。その状態が何年か続くと、その理論上の主要な問題は開発されてしまい、新しい重要な進歩は出てこなくなる。そのときは、その理論研究のライフサイクルが終わったのである[33]。

有効な着想から意味が汲み尽くされ、通常科学を活性化する構造が終焉を迎える。通常科学が成熟すると、合理化が進みすぎ、「そこまで合理化が進むと、再びそれは、全体として、完璧には近付くが、同時に意味と構造を失う」（『非日常性の意味と構造』六九頁）。そこで、活力を回復させるべく勃発するのが、科学革命だというのである。

村上は、「筆者自身も、パラダイム論を受け容れる場合に、そうした普遍的「メカニズム」があり得ないという主張は正当だと考えている。しかし、パラダイムの交代を論ずるに当たっての一つのシェーマはあるべきではないか、という思いを捨て切ることができない」(同、六八頁)としつつ、(1)三肢構造、(2)重ね合わせ、(3)共約可能なパラダイム間の包括的前進の否定、(4)通常科学の活力低下を打破するための科学革命といった特徴を骨子とするMモデルによって、村上は一つのシェーマを構築してみせたのであった。

四　未完のMモデル

一九七九年の時点で、村上は、「ここに提案されたモデルは、未成熟であって、私自身、いまだロゴス化し得ない部分を多々含んでいる」(『科学と日常性の文脈』二二二頁)と記したが、その後、五年ほどをかけてMモデルを一つのシェーマにまで仕立て上げた。だが、理論転換というテーマに食傷した村上は、Mモデルをも捨て去ってしまったように思われる。

村上は、一九八九年、東京大学の科学史・科学哲学研究室から、同大学の先端科学技術研究センターに異動する。これも一つのきっかけとなって、その後、村上は科学史・科学哲学から科学技術社会論や安全学へ、そして、医学論、生命倫理等々に議論の幅を広げていった。とはいえ、広い意味での科学論の研究も続けたのだから、その後の研究にMモデルを使い続ける方向性もあったのだろうが、そうはならなかった。その意味で、Mモデルは、共約可能なパラダイムへの転換であっても、包括的前進とは認められない機序を解き明かすことにのみ狙いを定めた、特定の目的のためのアド・ホックな理論モデルとして機能するに留まった。

一つのシェーマにまで仕立てあげたとはいえ、現時点で振り返ると、Mモデルに洗練の余地が残っていることは否めない。Mモデルの通常科学は、成熟しないうちに中座したと言えるだろう。例えば、「共約可能なパラダイム間の包括的前進の否定」を可能にした創意の一つは「重ね合わせ」概念にあるが、理論言語xにおけるあらゆる概念に日常言語の対応物があるかどうかは不明であり、実のところ、論証が尽くされているわけではない。したがって、Mモデルに基づく議論で村上が言い得ているのは、共約可能なパラダイム間の包括的前進が否定される事例が確かにいくつか存在する、ということのみで、共約可能なパラダイム間で一見包括的前進と見られる事例はいずれも前進ではないことの論証にはなっていないように思われる。しかし、ここではこの論点をさらに敷衍するのではなく、Mモデルの通常科学の成熟に向けて、三点の試みをすることで、責めを塞ぐことにしたい。

（二）ある場合には、事実は理論を判定しうる

第二の論点において、リベルタス派は、「「事実」は世界を解釈する図式に依存しており、理論の妥当性をチェックする審判の役割など果たせはしない」と主張する。「事実」が世界の解釈図式に依拠していることを認める科学者は多い。例えば、地質学者の都城は、次のように言う。

実験を実行した場合、実際に観察されるのは、たとえば、ある計器の指針の振れであったり、写

真フィルム上の斑点の位置や強さである。そのような計器の指針の振れや写真フィルム上の斑点の位置や強さが物理的に何を意味するかは、既存の物理学上の理論に基づいて解釈される。

このように、意味のある実験や観察の計画は、広い意味の理論（問題意識や期待や作業仮説を含む）に依存している。そして実験や観察の結果とよばれるものは、見たことを何かの既存の理論に基づいて解釈したものなのである。ところが、常識的科学観は理論とまったく無関係な実験を想定しているが、そういうものは実際は存在しえない。実験や観察はいつでも何かの期待や作業仮説に基づいて行われるものであり、期待や作業は一種の先入観なのである(34)。

基本的にリベルタス派に与する村上も、同様な見解をとる。そして、Mモデルによって、この主張を裏づけようとする。「事実」は世界を解釈する図式に依存していることを三肢構造は組み込んでいるのだから、前半部分は、少なくともMモデルと親和的であろう。

それゆえ、理論の妥当性をチェックする権能を「事実」はもっていないとされるのだが、この推論過程は多分に直観的であって、Mモデルによる分析を経たものではないように思われる。この点をMモデルに即して、考えてみることにしよう。理論言語Ⅲａ（例えば、自然発生説）と理論言語Ⅲｂ（例えば、生物由来説）が競合していたとしよう。このとき実験結果の解釈が、理論言語Ⅲａと理論言語Ⅲｂのそれぞれに依拠していたとしたら、すれ違いに終始するだけだろう。しかし、実験結果の解釈が理論言語Ⅲａ派も理論言語Ⅲｂ派も理論言語Ⅱに基づいてのみ行われるとしたら、実験結果がどちらを支持するかについて、合意に達するのではないだろうか。正確に言えば、この場合も、相変わらず、「事実」は理論の適否を判定できてはいない。理論言語Ⅲaが理論言語Ⅲbによって倒されたとすれば、倒したのは「事実」ではなく、理論言語Ⅱであろう。だが、理論言語Ⅱが両派にあって自明化し、潜在知となっていたとしたら、両派にとって、事実によって決着がついた、ということになるのではないだろうか。だとすると、Mモデルが解き明かすのは、一般には、「「事実」は理論を倒すことはない」が、ある条件が揃った場合、「事実は理論を倒す」こともある、つまり、概してリベルタス派が正当性をもつのだが、ある局面では、アテナ派の言い分も妥当だということのように思われる。

(二) そもそも理論転換なのか

村上の研究の標的は理論転換であり、そこで問題となるのは、科学革命における理論転換、なかでもニュートンによる古典力学から相対性理論による力学への移行等に見られるような、(一見したところ)包括的前進と認められる事例であった。ファイヤアーベントや「穏やかならざるクーン」は、共約不可能性の議論によって、「包括的前進」の前進性を端的に否定したが、村上が共約不可能性の議論に得心がいなかったことは既に述べたところである。他のテーマに移行しつつあるが、まだ理論転換をめぐる問題の余韻が漂う中、村上は物理学者の杉本大一郎と、物理学をめぐる討議を行う機会を得た[35]。その折、村上は、自身得心していない議論に対する現場の物理学者の意見を知りたかったのか、共約不可能性をめぐる議論を杉本に振っている。

村上――一九〇五年までの古典力学の体系と、それから一九〇五年に相対論が生まれて、それ以降特殊相対論の中で v が c に対して十分小さいとおいた一つのスペシャルケースとして出てくるニュートン力学的公式が同じではないだろうと。
杉本――式は同じですね。あとは何が違う?
村上――式はまったく同じ。だからシンタックスとしては同じ。ただ、セマンティックスが違うだろうという言い方をするわけですよね、歴史の問題としてとらえたときにね。(36)

理論言語Ⅲa(ニュートン力学)から理論言語Ⅲb(相対性理論的力学)への理論転換が起こった。相対速度はニュートン力学で $v+u$ で、相対性理論で $(v+u)/(1+vu/c^2)$ で表される。速度 v や u が光速度 c に比べ十分小さいときは vu/c^2 はほぼゼロだから、そのときは $v+u$ で近似され、ニュートン力学の式と一致する。それゆえ、シンタックスとしては同じである。しかし、ニュートン力学の $v+u$ には、光速度が一定であるという了解が伴っていない。だから、同じ式でもセマンティクスは異なる。――この議論に対する杉本の返答は、「へえ」であった。共約不可能性の議論は、杉本の「現場感覚」とは齟齬があったようだ。

杉本――ところがね、それをもうちょっと職人的にというか、実践的に言うと、セマンティックスとして、質量がエネルギーと相互変換するものであるというセマンティックスを背負っていても、ニュートン力学で処理できる現象のときには、それを背負っているということは重要ではないんですがね。

村上――それはそうです。

杉本――そこでね、背負っているのはもちろんいいんだけれども、重要でないのに背負っているということを強調してもあまり意味がないということはあるわけですね。つまり、シンタックスは同じでもセマンティックスが違うという言い方は、それはそうなんですが、「一般論的には」実践的意味をもたないではないかと僕は言ったんだけど。(37)

ここでは、相対性理論における近似式としてのニュートン力学を近似版ニュートン力学――これは理論言語Ⅲｂの一部をなす――、もともとのそれを古典版ニュートン力学――理論言語Ⅲａ――と呼ぶことにしよう。繰り返すと、近似版ニュートン力学は、質量とエネルギーは等価、光速度一定という意味が伴っているが、古典版ニュートン力学には、そうした了解はない。物理学者は光速度より低い速度を対象とする場合、ニュートン力学を用いる。では、このニュートン力学は、近似版ニュートン力学なのだろうか、古典版ニュートン力学なのだろうか。改めて問われれば、近似版ニュートン力学を使っているというのが、建前としての答えになるのかもしれない。しかし、そもそもニュートン力学の公式を用いる場合、質量とエネルギーの等価性や光速度一定等といった条件が実質上効いてこない現象を扱っているのであって、近似版ニュートン力学と古典版ニュートン力学が実践上は等しいとみなせるという現場感覚を、杉本の発言は反映しているように思われる。

理論言語Ⅲａ（ニュートン力学）から理論言語Ⅲｂ（相対性理論的力学）への理論転換が起こったと

する立場では、現在、力学の問題を解くにあたって用いているのはすべからく理論言語Ⅲｂであって、ある条件のもとでは、理論言語Ⅲｂは、近似版のニュートンの公式の姿を取るのだという了解になるだろう。しかし、科学実践の上で、近似版ニュートン力学と古典版ニュートン力学が等価なのだとしたら、光速度に比べてきわめて低い速度を扱うという条件では理論言語Ⅲａ（ニュートン力学）を、そうでない場合は理論言語Ⅲｂ（相対性理論的力学）を使いわけているとみなすことも可能となるだろう。この解釈のもとでは、理論は転換したのではなく、付加されたということになろう。式上、理論言語Ⅲａ（ニュートン力学）が理論言語Ⅲｂ（相対性理論的力学）の特殊ケースとして導出できることは、包括的前進を表しているのではなく、「両者は矛盾していないのだから、併用可能性である」旨の保証を与える根拠の役割を果たしていると見ることができる。

村上はＭモデルによって、いわゆる包括的前進は進歩ではないことを論じた。ここまでは、「穏やかならざるクーン」ともファイヤアーベントとも軌を一にする。だが、二人のように、理論転換の前後のパラダイムを共約不可能と断じず、にもかかわらずやはり包括的前進は進歩でない点を明らかにする成果をあげた。だが、以上のように、Ｍモデルのもとで、そもそも両者は理論転換ではないとすることも可能である。

このように、Ｍモデルは村上がかつて行った論証のみに役立つアド・ホックな理論ではなく、一般性を有する思考道具となるポテンシャルをもっているように思われる。都城はこう述べる。「ポパーやラカトシュは、根本問題に対する批判を忘れた通常科学の状態は、学問の堕落で進歩の敵だと主張し続けた。しかしこの主張は、実際に科学の研究をしたことのない人たちの空論であるように思われる[38]」。「パラダイムの改良・拡張・展開・応用は、人類の認識の前進という点からみても、社会的な有用さの点からみても、多くの有用な学者が一生かけるに十分値するだけの重要さをもっている。そしてそれが通常科学なのである[39]」。村上の科学論を超克するには、いたずらに「革命」を目指すのではなく、Mモデルの通常科学を存分に発展させ、その含意を汲み尽くさなければならない。

注

（1） 村上は廣野の卒業研究の指導教官であったため、つい「先生」という敬称をつける誘惑に駆られる。ただし、当時の科学史・科学哲学研究室では、教官も学生も互いに「さん」で呼び合うのが習わしであった。

（2） 村上の認識によれば、科学の理論転換は、科学論における最重要なテーマであった。「現在の科学論もしくは科学哲学、さらには科学史まで含めて、それらにおける一つの大きな問題は、いわゆる「理論転換」を巡るそれであろう。ここ十五年近く、このテーマを中心として、実に多くの議論がたたかわされてきた」（村上陽一郎「科学の世界と日常の世界」『理想』第五一八号、一九七六年、五頁）。

（3） 村上陽一郎「科学理論の転換」（『数理科学』第七巻七号、一九六九年、五二―五六頁）、同「科学理論の転換と認識構造」（『科学基礎論研究』第一〇巻一号、一九七〇年、八―一四頁〔「科学理論はどう変化するか」『近代科学を超えて』一九七四年、一三―二四頁〕）、同「科学理論の超事実性」（『心』第二四巻二号、生成会、平凡社、一九七一年、一二―一八頁〔「科学は事実を離れて成立する」『近代科学を超えて』一九七四年、二五―四四頁〕）、同「科学の世界と日常の世界」（『理想』第五一八号、一九七六年、二―一九頁）、同「科学理論の連続と不連続――理論の「共約不可能性」をめぐって」（『展望』第二三一号、一九七八年、一六―二九頁〔『歴史としての科学』一九八三年、五九―八三頁〕)、同『新しい科学論』一九七九年、同『科学と日常性の文脈』一九七九年、同『科学のダイナミックス』一九八〇年、同『非日常性の意味と構造』一九八四年。

(4) 科学の本態をめぐる論争は、特に英米で一九七〇年代から一九八〇年代半ばに盛んになされた。これは村上が諸論考を発表した時期と重なる。村上による論考の多くは日本語で発表されたため、国際的な論争の場の多くに直接加わったわけではないだろうが、村上の科学哲学が「輸入学問」の後追いでなく、同時代的現象であったことは、覚えておいてよい。

(5) 同モデルを村上自身は「複式構造」(『新しい科学論』一八四頁)・「重層構造」(『科学と日常性の文脈』二〇九頁)・「重層的な立体構造」(『科学のダイナミックス』一四五頁)・「三肢構造」(『非日常性の意味と構造』五一頁)などと言い表しているが、本稿ではこの「三肢重層立体構造モデル」を簡便にMモデルと呼ぶことにする。

(6) 金森修『サイエンス・ウォーズ』東京大学出版会、二〇〇〇年、新装版、二〇一四年。

(7) マックス・ヴェーバァ『改訂版　社会学・経済学における「価値自由」の意味(第二版)』大木幸造監訳、日本評論社、一九八〇年。Max Weber, "Der Sinn der »Wertfreiheit« der soziologischen und okonomischen Wissemschaften," *Logos* 7 (1917): 40-88. 傍点は廣野による。

(8) マックス・ウェーバー『職業としての学問』岩波書店、一九三六年、五五頁。Max Weber, *Wissenschaft als Beruf*, Duncker & Humblot, 1919. 傍点は廣野による。

(9) リベルタス派と命名したのは、ファイヤアーベントの著作のタイトル『自由な人間のための知(*Erkenntnis fur freie Menschen*)』(一九七九年、傍点は廣野による)が、相対主義的科学観の精神をよく表していると考えたためである。なお、同書の邦訳はファイヤアーベント『自由人のための知――科学論の解体へ』(村上陽一郎・村上公子訳、新曜社、一九八二年)になる。ファイヤアーベントによれば、学問がもたらす〝真理〟なる虚構は、至高の価値をもつ自由に対する桎梏でしかない。つまり、ファイヤアーベントは、「真理はあなたたちを自由にする」（『ヨハネによる福音書』第八章三二節）という聖句を退ける。一方、合理主義陣営のラカトシュは、「知識に対して人間の抱く崇敬の念は、人間に最も特徴的な性質の一つである。ラテン語で知識は scientia であるが、科学は、なかでも最も高い崇敬を受けるべき類いの知識を指す呼び名となった」（イムレ・ラカトシュ『方法の擁護――科学的研究プログラムの方法論』村上陽一郎・小林傳司・井山弘幸・横山輝雄訳、新曜社、一九八六年、一頁。Imre Lakatos, *The Methodology of Scientific Research Programmes: Philosophical Papers, Volume 1* (edited by John Worrall and Gregory Currie), Cambridge University Press, 1978）と述べた。女神アテナは、そのような真理を人間に授けてくれる学問や知恵のシンボルである。

(10) パラダイム論で高名なクーンの所説には、リベルタス派の要素とアテナ派の要素が混在している。哲学者モードリン（Tim Maudlin）は、前者を「穏健ならざるクーン（Kuhn immodéré）」、後者を「穏健なクーン（Kuhn modéré）」と呼んだ（Tim Maudlin, "Kuhn édenté: incommensurabilité et choixentre théories" (translated by Michel Ghins) (Kuhn Defanged: Incommensuarability and Theory Choice) *Revue Philosophique De Louvain* 94 (3) 1996: 428-446）。

(11) 可能性として、「事実などなく、あるのは解釈図式に依存した解釈だけである、科学と非科学は連続的につながっている」とする立場もあるが、この立場をとる論者はあまり見かけない。両者ともに認めると、相対主義に傾くためだろう。

(12) なお、リベルタス派に与した村上とは異なり、両派の抗争に決着をつけようなどという意図は、本稿にはまったくない。筆者自身は、両者とも極端な立論であり、どちらか一方のみが正しいなどということはないと判断している。

(13) 一九七〇年代から一九八〇年代半ばにかけての論争時、〝常識〟的科学観とは、ベーコンの科学思想の謂いであった。それは、実験によって、真空や低温・高圧といった非日常的状況を実現し、われわれの知見を豊かにした上で、多くの事実から帰納によって一般法則を導き出す、というものである。村上の科学哲学では、常識的科学観＝ベーコン的科学思想の打破に、一定以上の努力が傾けられている。つまり、ベーコン的科学思想への言及が多い。しかし、現在の〝常識〟的科学観は、ベーコン的科学思想から仮説演繹法に明確に置き換わっているように思われる。それゆえ、本稿では、ベーコン的科学思想ではなく、仮説演繹法に定位している。なお、新たな事実を集めるために行われる実験は、ベーコン的実験と言われる。ベーコン的実験については、イアン・ハッキング『表現と介入――ボルヘス的幻想と新ベーコン主義』（渡邊博訳、産業図書、一九八六年〔Ian Hacking, *Representing and Intervening: Introductory Topics in the Philosophy of Natural Science*, Cambridge University Press, 1983〕）を参照されたい。

(14) 市川惇信『暴走する科学技術文明――知識拡大競争は制御できるか』岩波書店、二〇〇〇年、三五頁。

(15) 念のために、生物由来説に基づく予測も示しておこう。密封されたフラスコ内に微生物は入りこめないので、微生物は観察されない。微生物はコルク栓を通過できるので、フラスコ内に微生物が見られる。この場合もやはりスパランツァーニの実験結果と一致する。かくして、ニーダムの想定のもとでは、スパランツァーニによる実験は、自然発生説と生物由来説のどちらを正しいかを判定する力をもっていないことになる。

(16) 筑波常治「生命は自然発生するか」、筑波常治・大沼正則『生命と燃焼の科学史――自然発生説とフロギストン説の終焉』仮説社、二〇一四年、二四頁〔「生命はどうして生じたか?」、筑波常治・大沼正則編『失敗の科学史』日本放送出版協会、一九七三年〕。

(17) しかし、私の能力では、不一致に引き戻す別の枠組みは思いつかずにいる。

(18) 川喜田愛郎『パストゥール』岩波新書、一九六七年、九一―九二頁。

(19) ファン・デル・ワールスはこの業績により、一九一〇年にノーベル物理学賞を得ている。
(20) ケインほか『ケイン生物学』石川統監訳、東京化学同人、二〇〇四年、五頁。M. L. Cain, H. Damman, R. A. Lue and C. K. Yoon, *Discover Biology* (2nd ed.), Sinauer, 2002.
(21) 長谷川眞理子『科学の目科学のこころ』岩波新書、一九九九年、八七頁。
(22) 稲森潤・木村達明『風景を読む――身近な自然の科学』講談社ブルーバックス、一九七五年、二三頁。
(23) 藤岡換太郎『山はどうしてできるのか――ダイナミックな地球科学入門』講談社ブルーバックス、二〇一二年、二一七―二二〇頁。
(24) トマス・クーン『科学革命の構造』中山茂訳、みすず書房、一九七一年、一一一頁以降を参照
(25) 同。
(26) 村上「科学の世界と日常の世界」一九七六年、一二頁。
(27) 同、九頁。
(28) 青木保・大森荘蔵・村上陽一郎「論理学者は首狩り族の夢を見る」『現代思想』第一六巻八号、一九八八年、一二八―一二九頁。
(29) 今井むつみ『ことばと思考』岩波新書、二〇一〇年、一〇六頁。
(30) 同、九九頁。
(31) 都城秋穂『科学革命とは何か』岩波書店、一九九八年、二九二頁。
(32) 同、二〇八―二〇九頁。
(33) 同、一二―一三頁。

これと軌を一にする発想が、民俗学者桜井徳太郎（1917―2007）の「ケガレ説」に認められる。「ケとは、本来は日常的な状況を示す民俗語彙なんだけれども、同時に元気や気持ちの気でもある。したがってケとは生

産民が絶えずものを生産していくために、充足したエネルギーを燃焼させる、そういう精力源、活動源がケである。〔…〕ところがそういうエネルギーの充実した状態が消耗によって衰退したり減少したりすると、ついにはエネルギーがマイナスになってくると、ケが枯（涸・渇）れる現象がおこる、つまりケガレ状況を示す。〔…〕ケのエネルギーが衰退してくると人間の生活を維持するためには大変な危機を招きます。そこで生理的摂理としても、それを補充する手段が講ぜられてこなくちゃならないのは当然であります。それはなにによって可能であるかといえば、私の考えではハレの場であり、ハレの行事である。〔…〕ハレはケガレを賦活する貴重なチャンスであり重要な契機であるとみていたようです」（桜井徳太郎・谷川健一・坪井洋文・宮田登・波平恵美子『共同討議　ハレ・ケ・ケガレ』青土社、一九八四年、二五―二六頁）。この発想によれば、通常科学という「ケ」の活力がなくなり「ケガレ」に陥ると、科学革命という「ハレ」が希求されるということになるだろう。

(34) 都城『科学革命とは何か』一三八―一三九頁。
(35) 杉本大一郎・村上陽一郎『物理の考え方』平凡社、一九八七年。
(36) 同、一一六―一一七頁。
(37) 同、一一七―一一八頁。
(38) 都城『科学革命とは何か』一八八頁。
(39) 同、一七〇頁。

通信用カード

■このはがきを，小社への通信または小社刊行書の御注文に御利用下さい。このはがきを御利用になれば，より早く，より確実に御入手できると存じます。
■お名前は早速，読者名簿に登録，折にふれて新刊のお知らせ・配本の御案内などをさしあげたいと存じます。

お読み下さった本の書名

通 信 欄

新規購入申込書 お買いつけの小売書店名を必ず御記入下さい。

(書名)	(定価) ¥	(部数)	部
(書名)	(定価) ¥	(部数)	部

ご氏名《ふりがな》　　　　ご職業　　　(　　歳)

〒　　　Tel.
ご 住 所

e-mail アドレス

ご指定書店名	取次	この欄は書店又は当社で記入します。
書店の住 所		

郵便はがき

恐縮ですが、
切手をお貼り
下さい。

101-0051

（受取人）

東京都千代田区神田神保町三―九
幸保ビル

新曜社営業部 行

通信欄

医師と患者のあいだ――村上陽一郎の現代医学・医療批判

林　真理

一　現代医学・医療批判が主題となる著作

科学論、技術論、医療論といった学問領域に携わっている研究者は、何らかの意味において科学批判、技術批判、医療批判という構えを取ることになる。もちろんここでの批判というのは、その対象を一方的に非難するというものではなく、さまざまな観点からその対象の吟味を行うことによって、評価すべきところは評価しつつも問題点を憚らず指摘するというものである。こういった批判は、さまざまな形をとることができる。その違いは、例えば歴史学、哲学、社会学、人類学などといった専門分野によるところもあれば、その人物が置かれたポジションによるところもあれば、その人物の思想的、政治的な立場によるところもあるだろう。

ここでは、本稿が分担するテーマである生命倫理・医療論の中から、村上による現代医学・医療批判を中心として取り上げ、科学史・科学哲学という分野を超えて知的活動を続けてきた村上の批判の特徴の一端を考察したい。村上の医学・医療批判は、医師としての思想や行動原理に関する倫理的批判を中心とするものであり、患者あるいは非専門家の自律性への期待ないしは要求を含むことを特徴とする。村上は社会・制度的な背景よりも、個人の思想や行動原理に着目し、専門職と市民の双方について、それを問題にする。ここでは、こういった特徴がもつ意味を十分に明らかにする余裕はないが、それでも意味を見いだす作業を進めるのに必要な前提作業を目指したい(1)。

村上の現代医学・医療批判は多岐にわたり簡単に全容を捉えることはできないが、中心になると考えられる次の著作に言及する。単著としては古い方から、『生と死への眼差し』(一九九三年。以下、『生と死』)、『医療――高齢社会へ向かって』(一九九六年。以下『医療』)、『生命を語る視座――先端医療が問いかけること』(二〇〇二年。以下、『視座』)、そして『〈死〉の臨床学――超高齢社会における「生と死」』(二〇一八年。以下、『臨床学』)である。また単著ではないが、『医療原論――医の人類学』の第一章「科学史と医療」(弘文堂、一九九六年、二三―三八頁。以下、「科学史と医療」)も重要な論述として扱う。そして、これらの村上の現代医学・医療批判の中で、重要と思われる次の三点を取り上げる。科学化された医学に対する批判、医師―患者関係批判、安楽死・尊厳死批判である(2)。これらの三点を具体的に見ることによって、村上の現代医学・医療批判が、医師あるいは患者の思想や行動原理の問題として捉えられていることを示す。以下、まずは各書籍の概要と、そのうち主な言及対象となる部分を紹介する。

『生と死』は、主題に統一性は欠くものの多様な論考が収められている。中でも「序　医療の質的転換」において、後に『医療』でも構造の問題(主として人口動態の変化に起因するもの)とされる論点が扱われ、そこには医師―患者関係の問題も含まれている。また「尊厳死をめぐって(往復書簡)」において、簡単な形ではあるが安楽死・尊厳死問題についての考え方を披露している。さらに「科学的人間像の問題」においては機械論的な身体観の問題を通じて科学化された医学の問題が指摘される。加えて脳死についての比較的長い議論が含まれており、脳死概念も臓器移植も科学化された医学の問題とされる。

読売新聞社の「二〇世紀の日本」シリーズ(全一二巻)の第九巻として出版された『医療』は、日本の近現代の医療問題を広く論じた書籍である。この書は、歴史研究の成果であるところが他の著作と異なっている。戦前までの医療については一章のみが割かれ、主として日本の戦後医療について、終章まで計五章にわたってその問題点が論じられている。

『医療』では各章の初めに自身の体験が述べられており、出版当時の平成初期と対比して、戦後における医療の進歩について実感をもって伝えていることが特徴的である。第二章「占領軍と医療」では、アメリカ公衆衛生局によって派遣された日本担当官サムスによる医療政策とその影響について述べる。DDT散布による発疹チフス対策がよく知られているが、それだけではなく、国民皆保険制度や保健所など従来の日本の政策を引き継ぐ中でできあがっていった公衆衛生の制度的な側面の充実が重要であったことを指摘する。村上による日本の医療保険制度への高い評価がよくわかる。第三章「感染症との戦い」では、抗生物質の普及によって結核を巡る事態が大きく変わっていったこと、他方でそれによって生じてしまった院内感染の問題が指摘される。ここでは結核に関連して自身の体験が述べられる。また医師であった父親に関わる体験もあり、これらは何度も村上の医療論の中で繰り返し述べられて、その起点としての重要な役割を果たしているように見える。第四章「社会が生んだ疾病」においては、戦後三大薬害から血液製剤によるＨＩＶ感染まで、いくつかの薬害を取り上げて論じている。第五章「医療構造の変化」において、医療化の進展、高齢化などが進むことによって出現した、科学化された医学への反省、医師―患者関係の問題が考察される。

『視座』は、ヒトゲノム解読、遺伝子治療、着床前診断、代理出産、再生医療、ヒトクローン技術など先端医療分野の話題を中心としているため、他の著作とやや批判の対象が異なっている。しかし、その導入部分の第一章「生命を語る場所」においては、患者である「市民」（ただし村上はこの用語を使わない）が消費者の立場で医療と接するという医師―患者関係批判が論じられている。

最後は比較的新しい『臨床学』である。本書は『医療』以上に、個人的体験が重要な役割を演じる著作となっている。比較的最近の体験をも含んでいる序章は現代医学のいくつかの側面を浮き彫りにしており、また第一章「戦後の医療改革――患者側からの瞥見」においては、自分史を通じて、戦後日本の医療の重要な変化がいくつか取り上げられる。医師―患者関係の問題もその一つの主題となっている。海外、とりわけアメリカ合衆国の医療と日本の医療の比較を問題にした第二章「日本の医療――国際比較のなかで」、高齢社会における医療の諸問題を述べた第三章「老いと死の諸相」に続いて、第四章「死の援助」、第五章「終末期鎮静」、終章「ささやかな、ささやかな提案」では終末期医療とあわせて安楽死・尊厳死が論じられる。いわゆる相模原障害者殺傷事件を扱った第六章「生きるに値する命」は、この流れの中では意外であるが、科学的医学の問題点という視角から論じられる。

科学者論から説き起こした「科学史と医療」は、近代的・科学的医療への反省を含むまとまった議論となっている。

以下、主としてこれらを対象としながら、村上の科学化された医学に対する批判、医師—患者関係批判、安楽死・尊厳死批判について検討する。

二　科学化された医学に対する批判

医療の科学化は、現代においてますます重要なテーマとなっている。医学の中心が生物医学(biomedicine)と特徴づけられるようになり、さらにはEBM(Evidence Based Medicine)という標語が用いられるようになってから久しく、それらは既に現代医療の中に深く根を下ろすに至った考え方となっているからである。日々発展を続ける生命科学の知識を基にした医学・医療が求められることは当然であるし、またその際に客観的な基準に依拠した判断や標準的な治療法の適用が推奨されるのも、ひとえに患者の命と健康を守るという目的に沿ったものであればこそのものであることは、間違いない。しかし、医療が人間関係の中に位置付けられる営為であるということを考えるならば、その科学的な部分がいくら進歩したといっても、それだけでは満足されない部分が残る。また、時には科学の論理を貫くことによって問題が発生することも考えられる。

こういった現代の状況を村上は「科学化された医学」と呼び、「科学史と医療」の締め括りで問題にする(3)。この文章は「医の人間学の新講座」(『医療原論』四頁)とも称される著作の第一章となっている。医学教育の視点から、医師を志す学生へのメッセージとして書かれたものとして理解する必要があり、また他の章との関連もあってあえて書かなかった部分もあると想像できるものの、題名の幅広さを見れば、村上が「科学史」という観点から最も重要なテーマの一つとして「科学化された医学」を選んだことは想像に難くない。したがって、現代医学・医療批判として真っ先に挙げるべきと考える問題の一つがこの「科学化された医学」に対する批判であると言うこともできるだろう。まず、科学化された医学とは何かについて、次のように述べられる。

科学化された医学においては、病気は身体の機構に生じた部分的故障であり、したがって医療とはその故障した部品の修理であることになる。そして、もしその修理が不可能な場合には、故障を起こしている部品を取り替えたり、あるいはその部品の機能を代行できる人工的な機構と取り替えることも必要であることになる。誰でも判るように、それが、臓器移植であり、人工臓器である。（「科学史と医療」三七頁）

この部分に先立つ箇所にはデカルトの心身二元論への言及がある。したがって、その身体の機械論的な見方の現代（一九九六年）的な事例が臓器移植や人工臓器として挙げられていることになる。そして、それらの治療技術によって代表されるような医学のあり方が科学化であると認識されている。もちろん科学化は、機械論的身体観や人間に対する全体論的認識の欠如だけを意味するものではないであろうが、これらの点が重要な科学化の問題点であるとされていると理解できる。

では、その問題点にはどのようにして対処されるべきであると村上は考えているのだろうか。まず、医療がそもそも科学を越えたものであることについて、「その原点はやはり患者が「苦しみを受けている」人間であるというところにある」（同、三七頁）とされ、ここでも心身二元論を援用しつつ「心」の側を見ることが重要とされる。その後、終末期における患者の印象的なエピソードに触れた後に、最後に次のように述べられる。

科学化された医学者としての医師のすることがなくなったとしても、言い換えれば、患者の身体的な故障を修理するという目的の下ではもはや採るべき手段がなくなったとしても、「苦しみ」を受けている「心的」人間としての患者に、医師として「何もすることがない」ということには断じてならない。できることは無限にあるはずである。（同、三八頁）

医師と患者がそれぞれ一人の人間として対峙する場面である医療という観点から、医師は人間の身体だけではなく心にも着目すべきであるという主張である。「医療が、こうして科学化された医学だけで成り立っていてはいけない、という主張は、依然として決定的に重要であることを、ここで明確にしなければならない」（同、三七頁）とも述べられる。ここで論じられているのは医療のあり方であるのみならず、同時に医師のあり方でもある。さらに、次のように述べられる。

医師である限り、心的・身的の双方である全体的な人間としての患者の前に立つ医師として、忘れてはならないことは、まさしくその点である。科学が遂に立ち入ることを拒否してきた人間の「心的」な側面に、正面から立ち向かう存在として、医師は常に科学者であることから逸脱し、

科学の領域を越えることを要求されているのだ、ということを、医師たるものは片時も忘れるべきではない。（同、三八頁）

この科学の領域を越えるものとしての医学という視点が村上にとって極めて重要であることは、『医療』においても同様の記述が見られることからもわかる。『医療』では、科学化された医学の問題点が、「キュアからケアへ」という進行中の事態と併せて考察されている。ここで「科学化された医学」の事例として挙げられているのは集中治療室である。人間が二四時間モニター可能な対象とされ、効率的にその身体を管理される機械装置としての集中治療室は、人間を物として管理するために最適に設計されているように見える。そして、次のように述べられる。

この例だけから考えても、現代の科学的な医学が、実際に病気を「身体の部分的故障」と見なし、治療を「その修理、取り替え」と見なしていることは明瞭である。したがって、「キュアからケアへ」というスローガンは、そうした現代医療への反省として、大切な意味を持っている。（『医療』一七五頁）

ここでは、科学的な医療の問題点が、高齢社会への移行に伴う医療のあり方の変化と結び付けて論じられている。生活習慣と密接に結び付いており緩慢に進行する「成人病」（当時の表現ママ）を中心として治療が行われるようになれば、怪我や感染症に見られるような迅速な対処ではなく、投薬を含めた生活管理など継続的な患者との関わりが必要になってくるからである。さらに付け加えて医師のあるべき姿と関連する次のような一文がある。

医療の主な部分は、文字通り「治療」から、「援助サーヴィス」へと今日変化しつつあると考えなければならない。（同頁）

先行する『生と死』においても、このキュアとケアというテーマが扱われている。「医療は、本来的に「キュア」と「ケア」の分かちがたい綜合行為であって、それを離れてはいつの世、どこの社会にあっても医療は成り立つまい」（『生と死』一七頁）とされる。『生と死』では「科学化された医学」という表現はないものの、現代医療の象徴として臓器移植が例示されている。臓器移植は、「科学史と医療」の中で言及されているとおり、科学化された医学の分かり易い事例であると村上が考えているものである。そのような科学的な医学の目覚ましい発達を成功と位置付けた上で、やはり医師のあり方に触れて、中川米造の言うところの「権威者モデルや魔術師モデルから援助者モデルへの医師の役割の変化」（同、二四頁）がまさに生じているとして、次のように述べる。

そして今、われわれは、色々な現象面でも、あるいは理念の上でも、さらには社会構成の点から見ても、そうした医療の本来的な姿の一つが再び新しい相貌の下で現われてきつつあるのを目撃しているのである。（同、二五頁）

二一世紀も二〇年を経た今となって見ると、科学的医療の発展は一九九〇年代のこの時代でピークに達したわけではなく、単なる序章に過ぎなかったことがわかっている。したがって、科学化された医学の批判についても、ますます重要なものになっていくことは疑いあるまい。そして、既に医師個人の心がけや態度に期待するというレベルの問題ではなくなっていることも確かであろう。生物医学の発展は、研究と臨床を密接に結び付けた研究システムとそれらを包含する国、企業、その他セクターを巻き込んだ社会・経済システムとして存在しているのであり、個々の医師の行為や規範もその中に位置取られるものにならざるを得ないからである。なお、医療が医師と患者という二者の対面的な行為ではなく、病院内のチームによって営まれるという変化の重大性については、安楽死・尊厳死の議論の中で村上自身によって指摘されている（『臨床学』一五三―一五四頁）。

ただ、このように科学化された医学を批判しているものの、そこに問題点のみを見ているわけではなく、科学化された医学の進歩によって救われてきたたくさんの命があることについても十分評価をしていることを付け加えておく必要があるだろう。象徴的なエピソードとしては、自身が三者併用療法によって肺への外科手術を免れたという体験として語られる（『医療』一〇四―一〇六頁、『臨床学』一九―二〇頁）。科学的な態度そのものに問題があるとするのではなく、科学のみに頼ろうとする医学あるいは実際の医療やそして何よりも医師個人のあり方を問題にしていると言うことができる。そういった態度を端的に自己評価しているのが、次のように述べているところであろう。

私は決して科学の敵ではありませんが、「科学主義」の敵ではあるかも知れない。(「神様のノート――安全学と二一世紀の科学・技術・社会」『公研』第三九巻二号、二〇〇一年、四七頁)

もう一つ、比較的近年において、科学化された医学への批判が異なった文脈で用いられているところにも着目したい。それは『臨床学』第六章においていわゆる相模原障害者殺傷事件を扱った部分である。神奈川県の知的障害者福祉施設「津久井やまゆり園」において、入所者一九名が殺害されるなどしたこの事件の容疑者(執筆当時)は、この施設で働いた経験のある元職員であった。介護の現場を経験しているという意味では、障害者をよく知り、仕事で障害者と接する経験を積んだ人物である。容疑者は医師ではないが、障害者に向かう態度については、医師について述べてきた見方を適用するような考察が進む。

しかし、ここでは心身二元論は持ち出されない。容疑者は、コミュニケーションを取ることが困難な障害者を「心失者」と呼び、生きる価値のない存在と見た。こういった考え方に基づいて行われた容疑者の行為の問題性を指摘するにあたって、心身二元論に基づく批判は空回りしかねないことが想定される。そこで、村上は最終的に共感という考え方に頼ることになる。次のように述べられる。

いずれにしても、しかし、医療現場で、患者が「苦しんでいる」人である以上、医療側が患者の苦しみに「寄り添い」、「自らのもの」とはできないとしても、苦しみを「共にする」ことから医療が出発すべきであることは、誰にも異論はないだろう。(『臨床学』一九五頁)

この解答もまた医療者の行動原理に関係するものであることに注意したい。ただ、科学化された医学の問題は、当然のことながら医師の直面する具体的な場面のみに見て取られるべきものではない。それは、医学そのものの大きな変化に伴うものでもある。例えば、多様な検査方法の発展によって身体が数値データ化され、それを読み取るのが医師の仕事になっていったこと、さらにそういった数値の変化を導く化学的作用の効果が評価対象とされる中で、製薬企業による開発競争が激化し、巨額の開発投資が生じ、そういった開発環境を支える研究環境を維持・発展させていく医学研究システムが出現した。そういった医学・医療の大変動の中に、身体の機械論的見方が組み込まれているために、本来医療の主役となる患者にまっさきに応答すべき医師ですら、そのシステムに翻弄される存在に追いやられているといった現状もまた、重視されるべきこととなるであろう。そういった中にあって、村上の批判の中心は医療者の倫理や行動原理といったところにあるのが特徴であると言える。

三　医師―患者関係批判

既に見たとおり、村上による科学化された医学への批判の中で、「キュアからケアへ」という考え方との関連で指摘されていたのが、医師―患者関係の問題であった。それまでの「パターナリズム」に基づいた権威者モデルを捨てて、医師が援助者となるという考え方の登場とも捉えられた。そして、そこで問題になるのは、患者の自己決定権およびインフォームド・コンセントの考え方である。科学化された医学批判に続いて取り上げたいのは、この医師—患者関係批判である。

患者の権利としてのインフォームド・コンセントという概念が日本で定着するのは、比較的新しい。一九八六年の加藤尚武『バイオエシックスとは何か』(未来社)は倫理学的考察の応用として、また一九八七年の木村利人『いのちを考える——バイオエシックスのすすめ』(日本評論社)は市民の権利運動として、バイオエシックスの重要性を唱えた。これら初期のバイオエシックス(その後生命倫理(学)と呼ばれる)の紹介は、多くの場合自律性(オートノミー)を重要な価値として捉える考え方を提唱するものであり、したがってその中で、インフォームド・コンセントは重要な役割を占める概念だった。

患者自身の決断に先回りして医師が患者のことを決めてしまい、患者が医師に決定を委ねる形の医療がパターナリズムとして批判の対象となり、それに代わる患者自身の自己決定権が大切なものとされた(臓器移植、終末期医療におけるいわゆるドナーカード、尊厳死の宣言書〔リビング・ウィル〕なども、医療における自己決定の問題と関連するが、ここでは扱わず、後者のみ次節で扱う)。村上もまた、大きく見ればこういった自律性の主張を自らの医師—患者関係批判に取り込み、「人格と人格との切り結ぶ医師—患者関係」(『生と死』一三三頁)の必要性を説く。

前節で見た科学的医学への偏りに対する批判とインフォームド・コンセントの大切さの主張に共通するのは、患者を一個の人間として見ることである。それが、患者を人間として遇することであり、まただからこそ形式的なインフォームド・コンセントではなく、「十分な説明を尽くし、その上で患者とその家族からの熟慮の末の選択を引き出すこと」(同)が重要となる。ただ、この点は前節の繰り返しを含み、また既に小松美彦が、「人格」というキーワードで村上の医療論・生命論を論じ、自己決定権とインフォームド・コンセントの概念の分析を通じて述べているので深入りしない。(4) むしろ、以下で注目したいのは、このように医師のあり方が規定されるにあたって、患者像の方がどのように描かれているかという点である。

なお、医師―患者関係を論じるときの村上の立ち位置は極めて微妙である。前節で見たような医師のあるべき姿についての議論は、あたかも医師の先達が後輩を指導しているように見えないこともない。職業倫理というものは、そのプロフェッションの中で醸成され、継承され、鍛えられていくものであると言えるが、村上の言葉はそのプロフェッション内部の倫理を代弁するものになっている。あるいは逆に言えば、患者または患者家族の立場を前面に出して、そこを起点にして医師に外側から要求を突きつけるようなものにはなっていない。時にではあるが、医師の側の論理で自覚的に患者の側を説得しようとするような場面もある。例えば、次のように述べる。これは、『医療』(一〇〇頁)において日本の医療制度を高く評価した村上が、日本の医療について患者からの評価が低いというアンケート結果に対して述べた感想である。

それはそれとして、いずれにしても、私たちは、比較的な観点、そして、社会全体という総合的な観点から見れば、極めて良質の医療を提供されていることははっきりしている。その恩恵を、どれだけ理解しているか、諸アンケートの結果が、やや、心許ない思いを生み出すのは、決して私が医療側に立っているからではなかろう。(『臨床学』七二頁)

他方で、患者または患者の家族としての医療体験を述べる村上は、患者または患者家族らしい自分の振舞いを描写している。もちろん、そこには率直な患者としての立場も出てくる。しかし、それだけでもない。どこか冷めており、患者としての自分を外側から見ているような筆致の部分もある（同、序章など）。医師の行為を評価するとともに、患者（家族）としての自分を冷静に観察しながら、医師―患者関係において、患者（家族）としてのあるべき姿を探っているようにも見える。そして、そういった患者のあるべき姿は、医師―患者関係の変化とともに現れる患者の責任という形で論じられている。

しかし、こうした状況において変わらなければならないのは、医療の側ばかりではない。ここに求められているのは、双務的な変革でなければならない。言い換えれば患者の意識もまた、変わらなければならないのである。治療というものが、医師に任せてしまうことではなく、自分自身どう生きるかというぎりぎりの場面において、医師と協力しながら、自身によって造り上げていくものであり、自分と医師との間で相互に責任を担い合うべきものである、という認識こそ、患者に求められている。（『医療』一八八―一八九頁）

さらに、責任を越えて義務という強い単語も使われている。

しかし、忘れないでほしいのは、こうした患者側の積極的な権利主張の姿勢には、それなりの義務も伴うということである。医療従事者側との十分な意志〔村上は「意志（決定）」と表記し「意思（決定）」とはしないので、ここでもそれを踏襲する〕の疎通が保証されているのは当然として、それを通じて患者側には、医師側の説明や情報の開示を十分に理解することが要求される。（同、二一五頁）

医師のあるべき姿は患者を人間として遇することであるが、同時に患者の側においても一個の自律した人格であることが求められる。単に医師からそのように扱われることが必要であるというだけでなく、「正しい」患者のあり方が同時に浮上してくることに注意しなければならない。「患者本人が決定に参加しなければならない」（『生と死』一九頁）ともされる。

ここで、患者に求められているのが自律性である。医師に説明する義務があり、患者に説明を要求する権利があるとしたら、同じように患者の側にも医師の説明を真摯に受け止める責任があるということになる。患者は単なる受け身の存在ではなく、自律的な存在であるからこそ、責任を伴うということにもなるのである。

この患者の責任論は、さらに医療サーヴィスの消費者という観点から解釈される。日本の医療法制や保険制度が患者のお任せ意識をもたらしていることを指摘して、医療機関の情報公開や薬局で一旦支払いをして後から還付を受けるペイバック方式といった制度やその他の仕組みの変更による意識変容の取り組みにも触れた上で、消費者としての意識の重要性を次のように述べている。

セルフ・メディケーションということの本来の意味は、右にも述べたように、わたしたち一人一人が、自分の健康には自分が責任を持つということであり、さらに言えば、「消費者」として自覚的に医療に参画していくという意識を持つことでもあります。医療は医療者の側が一方的に消費者に「施し」てくれるものではない、消費者は、医療を担う大切な働き手の一つなのだ、という意識を持つことだと思います。そしてこの意識こそ、現代社会が、医療のみならず、あらゆる場面で求められている「社会改革」の基礎になるものではないか、とわたしは思っています。（『視座』一二頁）

消費者としての自覚を持った購買行動を行うことで企業活動を変え、社会改革に結び付けるというのは、まさに消費者運動の論理であり、したがって村上がここで述べていることは、民主主義社会におけるアクティヴな市民のあり方と言っても良い。そのような市民活動の事例として、「あるＨＩＶ感染者とその支援者のグループ」の活動を取り上げて次のように述べる（同、一二一一九頁）。

非専門家の立場から、専門家の持つ知識を前提とした上で、その問題点を指摘し、さらに代案まで提示し、実現したという点で、極めて目覚しいものであったと言えます。

このような例は、今後の「医療消費者」というもののあるべき姿として、大変示唆的ではないでしょうか。（同、一九頁）

多様なルーツを持つ患者運動の一つが、このように極めて肯定的に評価されている。ただ、その評価が研究を前に進めるという積極的な役割を果たしている場合についてであることにも注意しなければならない(5)。

ここまで、前節に引き続き村上の現代医療批判に関する考察を行い、医師―患者関係における医師と患者のあり方、とりわけ患者の側のあるべき姿勢についての村上の議論を見てきた。次にそういった関係性のあり方が最も凝縮した形をとる、安楽死・尊厳死にまつわる問題を取り上げよう。

四　安楽死・尊厳死批判

安楽死・尊厳死は、いろいろな状況を変えながら長期にわたって論じられてきたテーマである。しかし、高齢化と終末期医療の充実によって、かつてより一層重要な問題であると見なされるようになってきた。欧州の一部の国や、米国の一部の州がその合法化を実現する中、日本はどのような道を進むべきかという議論が巻き起こっていると言える。

村上はこの問題について二〇世紀のうちから論じており、また最近になってあらためて充実した議論を行うに至っている。その経緯を追ってみよう。

まず、一九九三年の『生と死』には、作家のなだいなだとの往復書簡という形をとった安楽死・尊厳死についての対話が含まれている(6)。簡単ではあるが、ここで自らの安楽死・尊厳死についての考えが次のように明かされている。

あるいは、医師と患者との間に、しっかりした人間関係が築かれてさえいれば、場合によっては、それを望んだ患者の死を少し早める手助けをすることさえ、医師に許されている、とも思うのです。(『生と死』一九六頁)

他方で、すぐに次のように付け加えることも忘れていない。

しかし、そのことをおおっぴらに、社会的な制度として認めてしまう、ということ、言いかえれば、しかじかの法的要件さえ整えば、安楽死は自由にやってよろしい、という形になることには、私はあまり賛成できないのです。(同頁)

そして、そのように考える理由については、日本社会における、制度や社会慣行に身を委ねやすい傾向を挙げ、ルーティン化されてしまう恐れを指摘する。そして、次のように述べる。

そうならないためには、やはり、安楽死は、行われるとすれば、医師、患者、場合によっては家族を含む人間同士の篤い信頼関係のなかで、ひそかに決断され、暗暗裡に行われる、ということを期待したいのですが、私の考えは牧歌的に過ぎるでしょうか。(同、一九七頁)

この村上の問いかけに対して、なだは「あまりにも自分と似通った考えをおもちなので、驚いております」(同)と述べ、さらに「果物が熟すように世のなかが成熟することを、ゆっくり待つ私たちのようなのんびりした理想主義者は少ないようです」(一九九頁)と見解の重なりを強調する。安楽死の推進者で自殺幇助装置を用いたアメリカの医師キヴォーキアンによると思われる事件が話題となっているが、それをせっかちな試みと位置付け、また社会制度として造り上げることにも否定的である。

この安楽死・尊厳死批判は、その後『臨床学』においてより詳細に論じられることになる。(7)『臨床学』第四章において、村上は古典的な題材であるビンディングとホッへの「生きるに値しない命」、森鷗外の「高瀬舟」について検討を行い、さらにはオランダの安楽死法制化論争、両親が人工呼吸器の取り外しを求めて訴訟を起こしたアメリカのカレン・クィンランのケースとその後のアメリカの動き、日本の名古屋高裁判決、横浜地裁判決などの歴史を論じる。そして、それらを通して、社会的弱者に死が押しつけられてきた事例の問題点や、マニュアル化された死の手続きにおいて歯止めがはずれる可能性などに注意が払われるとともに、先の『生と死』に表れた見方に揺らぎが生じてきた経緯が述べられる。最初に確認されるのは『生と死』に述べられた内容と比較的近い。

医師であった私の父親は、「六つの眼以下ならば」という表現を使っていた。つまり、信頼の絆で結ばれた関与者が三人、つまり患者本人、医師、そしてそこに全面的に関わるもう一人(家族かもしれないし、看護師かもしれないが）までであれば、医師が患者の最後の苦しみを長引かせないために、それなりの処置を施すことは、医療場面では決して稀ではなく行われてきたし、それで問題は生じなかった、という意味の表現であった。[8]（『臨床学』一五三頁）

互いに相手を尊敬し合う人間としての医師と人間としての患者が向き合う中で起こるということが、死を早める行為をかろうじて正当性するものである、あるいは第三者の批判を寄せ付けない神聖さのようなものをもたらすという主張であると読める。

しかし、そうは言ってもチーム医療が一般化した現在においては、暗暗裡の行為に進むことは難しく、したがって公的空間における社会的合意が得られる必要があるのではないかというのが、『生と死』以後の社会状況を反映した見方の変化となる。ただし、それでも、そういった合意が歯止めをなくす危険性に触れ、最終的には次のように述べる。

公的、法的な決定にはよほど慎重な姿勢が必要である、という思いも合わせ捨てきれないことを付け加えておきたい。（同、一五四頁）

そして、そういった日本社会がたどり着いた一つの「折衷案的な解決」（同、一五二頁）として、続く第五章全体を割いて重点的に論じているのが、終末期鎮静である。

終末期鎮静とは、死期まで二～三週以下と判断された患者の苦痛緩和を目的として、患者の意識を低下させる薬剤を投与することである。オピオイドのような鎮痛剤では苦痛緩和が十分ではないので、麻酔剤、睡眠剤を用いる。持続的用法を行えば死亡までずっと意識のない状態が継続する。

この終末期鎮静については、緩和ケアの一環として積極的に位置付ける考え方（尊厳死協会など）、間接的または消極的安楽死として刑法的に許容可能とする考え方から、(9)積極的安楽死と区別しがたいものとして批判的に位置付ける考え方(10)まで多様な見方が存在しており、極めて判断の分かれる問題になっている。この問題についての村上の議論の道筋は多方面からの周到な検討を行うもので、簡単にまとめられるものではない。しかし、その中の特徴的な部分としては、終末期鎮静を行う医師の立場を慮った次のような部分がある。緩和医療全般の目的が死ではなく苦痛の除去とされていることに触れて次のように述べている。

しかし、こうした概念規定は、別の面からみれば、直接医師が手を下す安楽死が、医師の心情に、極めて大きな負担と罪償感を負わせることを「緩和」するために、考え出された便法のようにも見えることは、やはり免れないように思われる。（同、一六九頁）

患者のためという名目のもとに医師の「利益」の追求が起こる可能性について医師の側の心情を推察するこの議論は、他の論者にはあまり見られない、医療の問題を医師の倫理の問題として考察する村上らしい問題提起と言える。また、終末期鎮静について論じた章の最後には次のように述べられている。医療のあり方まで遡って考えられるべき原理的課題が突きつけられる。

医療の目的は、最も直截には「病んでいる人を苦しみから解放する」ことであり、言いかえれば、医療は「患者の死」と戦うのではなく、「患者の苦しみ」と戦うことである、という、ある意味では当たり前の、しかし、時に忘れられがちな解釈が、あらためて浮上する。(同、一七四頁)

さらに『臨床学』の終章では、「ささやかな、ささやかな提案」と題されて、唯一解にこだわらず曖昧さを受け入れること、〈best〉ではなく〈better〉な選択を考えること、多様性を認めることなどが提案される。様々な検討のうちにたどり着いた結論と言えよう。

こういった見方は、『視座』において、先端医療について一通り論じた後に「生に対する慎み」と題した一節の次のような文面と呼応しているように思われる。『視座』は先端医療技術を中心に論じたものであるため、異なった問題を議論しているが、それでも結論としては似通った面を持っている。それは、状況依存的な選択の可能性を残す緩やかな意志決定というのが、人間あるいは生命に直面したときに、あらかじめ考えられるせいぜいのことではないかという考え方である。

結局、非常に曖昧でいい加減な解決方法なんですけれども、やはり「ほどほどに」という価値観がこうした問題についてはかなり効いてくるのではないでしょうか。あまり極端に、しかも時間的に急いでものごとをやるということは、将来の道を非常に限定してしまう可能性があるので、ゆっくりとほどほどにというやり方で、時間をかけながら、状況を見ながら、少しずつ判断していくという以外に、おそらく人間が考えうる解決策というのはないのではないかと思います。人間が持つ欲望を百二十パーセント解放しなければいけないという言い方は許されないのではないかと思うのです。(『視座』一七四―一七五頁)

このように、慎みといった考え方の提案でもって問題に対応するのが、村上の結論となっている。患者の権利を保護しようとする制度や意志決定のためのシステムの充実のみに力を入れることではなく、人間の倫理や行動原理に大きく期待しているという側面を示していると言ってよいであろう。

そのように考えれば、安楽死・尊厳死を多面的に論じた村上の議論において、ACP(アドバンス・ケア・プランニング)への言及がないのも不思議ではないのかも知れない。『臨床学』における安楽死・尊厳死批判を一読して気になるのは、終末期鎮静という極めて具体的な方法にまで立ち入って論じながら、より一般的な枠組みであるACPには触れていないことである。ACPこそ、理念としては、固定的な制度やルールを決めないでおいて、患者本人を中心としながら、医療スタッフや家族がその意志決定をサポートするための話し合いをするという意味で、曖昧で継続的な意志決定を求める村上の理想のいくらかを具体化したものであるように思われる。それにもかかわらず、村上はこういった制度的試みには関心を示していない。ここでも、村上の検討の焦点が、医師という一人の人間がなすべきことに着目しているのではないかという評価ができるのではないかと考えられる。あるいは公的、制度的な問題解決に期待していないと言うべきかも知れない。

五　まとめ

ここまで、科学化された医学、医師—患者関係、安楽死・尊厳死のそれぞれの問題を通して、村上の現代医学・医療批判を見てきた。

科学化された医学に対する批判においては、患者を単に科学的対象としての身体ではなく心を持った存在と見なし、共感的に対面するべき医師像が強調された。医師—患者関係に対する批判においては、医師のみならず患者の責任と義務という視点が提起された。安楽死・尊厳死論に対する批判においても、理想的な医師—患者関係を前提として安楽死・尊厳死が医師にとって許される行為とすることの可能性を探る安楽死・尊厳死観を明らかにした。最後に、こういった現代医学・医療批判がどのような意味を持つかについて、以下に三点ほど考えられることを記す。簡単な記述に過ぎず、また根拠としては著者自身の個人的な経験や思いに依拠する部分が大きいので必ずしも十分なものではないが、さしあたりの結論としておきたい。

第一点としては、村上による現代医学・医療批判が医師の倫理、医学者の倫理という側面について実質的な影響を与えうる構えであるという点が挙げられる。専門職集団が、その倫理的な問題に関する外部からの批判を受け止めることが容易になるのは、そういった専門職のあり方について、その専門職への尊敬の念をもって論じていると感じられる場合に限られるであろう。その点を考えると、寄り添いながら問題点を指摘する批判者は、実際に専門職に影響を与えることのできる批判者でもあると言うことができる。

ここには本来ジレンマがある。外部からの根本的な批判ほど、内部には届きにくいという問題である。逆に、少しでもより良い方向にものごとを進めていこうとする前向きな批判者こそが、実際に影響を与えることができる批判者となる。村上の安全学は医療問題に起点を持っており、実際に医療現場での安全向上運動に寄り添って、医療現場の安全性の改良において役割を果たしたと評価することができるとしたら、その理由の一つは、それが医師を尊敬しつつ医師のあり方をともに考える伴走者として批判を行ってきたからだと言うことができるのではないだろうか。

第二点として、現代の科学化された医学とそれに基礎付けられた医療や医師のあり方を成立させている社会システム全体をどのように見るかという問題がある。既に科学化された医学の批判についての節で述べたとおり、生物医学の発展は研究システムのみならず、国、企業、その他セクターを巻き込んだ社会・経済システムとして存在しており、個々の医師に可能なことの範囲を超えた問題があることは否定できない。また、安楽死・尊厳死の問題で言えば、無益な治療、延命といった言説を通じて生命の価値付けをしていくシステムもまた存在している。そういったシステムの中において内部批判が果たす役割について反省的な考察を進めていくことは、常に必要なことではないかと考えられる。

第三点としては、やや小さな視点ではあるが、現代医学・医療批判においては重要な問題を挙げておきたい。チーム医療あるいはパラメディカルスタッフの役割をどのように捉えるかという問題が不明である点が挙げられる。現代の医療は医師のみによって成り立つものではなくなっている。そのため、医師の倫理は、医療チームのリーダーあるいは監督者の倫理という面をますます持つようになってきている。したがって、医師―患者という二者の関係が基軸となるようであれば、他のパラメディカルスタッフの専門性が軽視されることにもなりかねない。そのようにならないためには、医師の役割はどのように位置付けられるであろうか。村上の医師―患者関係についての見方の延長線上にどのような展望があるのかを考えさせられる。この点は、第一点のミクロな枠組みと第二点のマクロな枠組みの中間に来る問題と言えよう。

以上のように村上の現代医学・医療批判をもとにしながら、現代医学・医療批判はどのような構造と問題点、可能性を持ちうるかという課題が浮かび上がってきたと言えるだろう。現代医学・医療自体がつねに進行中のものであることを考えれば、そこに静的な解決法を見いだすことは難しい。現代医学・医療批判についても、あるいはその他の様々な問題についても、常に新しい現実に対応しつつ思索を続けてきた村上の姿勢において見倣うべきところがあることは、疑問の余地がない。

注

(1) 本稿のこの主張に関連する内容を持つ論文として、柿原泰「村上科学論の社会論的転回をめぐって」(『村上陽一郎の科学論』新曜社、二〇一六年、三二一―三三五頁所収)を挙げたい。ここで柿原は、公害問題を重要だとする村上が、科学者の社会的責任や学問のあり方、科学者共同体のあり方に関する議論を中心としつつ、その経済的・社会的構造の問題に踏み込まないことに問題を見ている(三三二頁)が、このことは本稿の観点から言えば、科学技術と社会に起こる問題について、主として人間の思想や行動原理の問題として対応するスタンスの現れと同型であると理解できる。さらには、村上の科学社会学が科学者論や技術者論という形を取ること、日本学術会議任命拒否問題と関連した学問の自由に関する捉え方にも一貫していると考えている。

(2) なお、村上の現代医学・医療批判のうち、著者の関心から優先して扱うべきであると考えたものの、結局扱うことができなかったテーマがあることをここで述べておく。村上の書いたものに、繰り返し人工妊娠中絶に対する批判的な言及が見られる。しかし、その批判の根拠など具体的内容について詳細で明確な記述は、少なくとも本稿で扱っている著作の中には見当たらない。そのために、十分な見解内容が読み取れず、残念ながら論じることができない。「産む産まないは女が決める」といった、村上にとっては恐らく生に対する慎みを欠いていると映る言説の背後には、自律性を奪われてきた女性の歴史があること、人工妊娠中絶が悪であるとしても、望まない妊娠のそもそもの原因としては女性のリプロダクティヴ・ライツが不十分であるがゆえに避妊の行き届かないハイリスクな性行為を迫られてきた側面があることなどの現状を踏まえると、その批判はそれほど単純なものにはならないと想定できる。その他、村上の現代医学・医療批判の中心の一つは安全の問題にあることは明確であるが、これも本稿の域を超えており残念ながら取り上げることができなかった。

(3) ここで論じられているのは科学化された「医学」であって「医療」でないことは興味深いが、科学化された「医学」に基づいた「医療」は、当然科学化された医療になると考えられるため、科学化された医学に対する批判は科学化された医療に対する批判にもなっていると考えられる。

(4) 小松美彦「村上医療論・生命論の奥義」(『村上陽一郎の科学論——批判と応答』新曜社、二〇一六年、三三六—三六三頁所収)の三四四—三四七頁。

(5) この「支援者グループ」は、ACT UPのことだと思われるが明確ではない。村上の書いたものには、固有名詞をあえて明らかにしない、さらには出典を明示しないものが多いのも特徴である。ACT UPは、丸一日間FDA(アメリカ食品医薬品局)を占拠して機能をダウンさせたシット・インのような実力行使も行っている。

(6) なお、安楽死と尊厳死の概念的区別や関連するその他いくつかの概念の分類については、村上自身は使い分けつつ論じているのではあるが、その詳細についてここで区別して論じることが紙幅の関係で困難であることから、必要な範囲で村上に従って使い分けつつも、詳細な差異には言及しない。

(7) なお、村上陽一郎『移りゆく社会に抗して――三・一一の世紀に』(青土社、二〇一七年)の第Ⅳ部において、『臨床学』の安楽死・尊厳死論に結びつく論考が収められている。

(8) 『移りゆく社会に抗して』二三五頁にも、これと同じエピソードが挙げられている。

(9) 例えば、一原亜貴子「終末期鎮静の刑法的問題」『岡山大学法学会雑誌』第六七巻一号、二〇一七年、三一―五九頁。

(10) 例えば、小林亜津子「緩和医療の「最後の砦」としての終末期鎮静」『法政哲学』第七巻、二〇一一年、一―一二頁。

安全学という構想

市野川容孝

村上陽一郎は、後に『安全学』としてまとめられる論考の連載を、雑誌『現代思想』の一九九七年六月号から始めた。二八年前に村上が提示した安全学という構想は、今日の世界の状況を一瞥しても、間違いなく、その重要性を増している。しかし、それは未完のものでもあり、村上の問題提起を継承しながら、この安全学という構想に書き加えられるべきことは、まだ数多くある。本稿では、私が身を置く社会学から、村上によって敷かれた安全学というプラットホームに、いくつかのことを書き添えたいと思う。

一　自由と安全性

村上が安全学の連載を始める三年前、私もまた『現代思想』の一九九四年四月号に寄せた論考で、安全性について論じた(1)。「近代社会」という粗雑な言い方を、ひとまずお許しいただくとして、それを支えている根本理念の一つが安全性であるとの認識を、私はその論考で固くしたが、同号の特集は

「リベラリズムとは何か」と題されていた。

ベルリンの壁崩壊（一九八九年秋）からまだ五年が経っていないこの号では、「自由主義」と「リベラリズム」という日本語が、ほぼ半々の割合で登場する。「リベラリズム」というカタカナの日本語は、自由主義と社会主義という冷戦期の対立が失効した後に、無節操に肥大してゆくが、その始まりを一九九四年四月のこの号にも見てとることができる。たとえば、同号所収の対談で、井上達夫がまず、「リベラリズム」は通常「自由主義」と訳されるが、それでは理解が狭くなってしまうので、自分は「わざわざカタカナのまま、この言葉を使っています」と切り出し、嶋津格がこれに応えて「アメリカで言っているリベラルは、本当は自由主義ではなくて、たとえば福祉国家論に近い」「いわゆる大きな政府につながるような、社会の平等化のために政府がしゃしゃり出て、非常に大きな活動をすることを要求する立場のこと」であり、「日本で言えば、自民党なんかより社会党の方がリベラル」であると述べている。[2] 無論、リベラリズムには、コミュニタリアニズムや保守主義などの対立物がある。しかし、少なくとも日本語の「リベラリズム」は、一九九〇年代以降、自由主義と社会主義の両方を曖昧に包含しつつ、両者が対立していた冷戦を過去のものとして葬る、あるいは不可視化する機能を有してきたように思う。

私自身が一九九四年のこの号に寄せた論考は、バイオエシックスで支配的な、患者の自己決定を医療者のパターナリズムに対置する考え方を「メディカル・リベラリズム」と評した上で、そこで時に掲げられる死への権利（尊厳死・安楽死）が、はたして本当にリベラルなものなのか、すなわち人間の多様性を真に尊ぶものなのかを、歴史的、批判的に問いなおすというものだった。

他人の権利や自由を侵害しない限り、個人の自由を制限してはならない、というJ・S・ミルが『自由論』（一八五九年）で説くような自由主義は、すでに一七九〇年代にドイツでI・カントやW・フンボルトが唱えていたが、右の論考で私は、同時期にヨハン・ペーター・フランクが「精神異常者《ヴァーンジニゲ》」について述べたことに注意を促した。フランクは『完全なる医療ポリツァイの体系』の第四巻（一七八八年）で、こう述べている。

> こうした不幸な者たちが、強度の鬱もしくは躁状態の時、自分ばかりでなく、彼らを十分に監督していなかった近親者や、自分の子どもを殺してしまったという事例が多く知られている。したがって、ポリツァイは、これほどに哀れな者たちに関して、非常に重要な義務を果たさねばならない。ポリツァイは、その近親者が理性を失っているか、狂暴である者すべてに対し、次のことを強制しなければならない。すなわち、その者および公共の安全性《ジッヒャハイト》に必要な措置を自身で講じるか、あるいは少なくとも、直ちに可能な安全措置が講じられるよう、所定の人物にしかるべき届けを出しておくことである。(3)

フランクはここで「精神異常者」を他者の自由や権利を脅かす存在と見なしている。その者の自由を制限したり、剝奪することは、カントやフンボルトの自由主義によっても是認される。事実、フンボルトは『国家活動の限界』（一七九二年、公刊は一八五一年）で次のように述べている。

国家は決して市民の積極的福祉に配慮すべきではなく、それゆえ市民の生活や健康についても——他者の行為が市民を危険にさらすような場合は別として——配慮すべきではないが、市民の安全《ジッヒャハイト》についてはしっかり配慮すべきである。(4)

カントやフンボルトの自由主義は、フリードリッヒ二世の啓蒙専制主義やこれに連なるフランクらの医療ポリツァイ、すなわち臣民の幸福や健康を名目に過剰な介入をおこなう国家のパターナリズムを真正面から批判するものだった。しかし、その自由主義もまた、安全性によって国家の活動を基礎づけ、これを不可欠のものとして求めたのである。

他方、フランクの医療ポリツァイが公共の安全性を脅かす者と見なした「精神異常者」を、カントは『人間学』(一七九八年)で、自律性を喪失した者、啓蒙の光から閉ざされ続ける者と見なした。

〔精神が乱された者が収容される〕精神病院《ナーレンホスピタル》とは、人間が、年齢的には成熟し強壮になっているにもかかわらず、瑣末な生活上の用事に関してさえ他人の理性によって秩序を維持してもらわねばならない場所である。(5)(傍点引用者)

「啓蒙」を「未成年状態」から抜け出ること、「自律性」を獲得することと定義したカントは(『啓蒙とは何か』一七八三年)、「精神病院」をその啓蒙の真逆にある場所と見なした。

一七九〇年代のドイツにおいて「精神異常者」は、第一に、公共の安全性を脅かし、他者の自由を侵害するという意味で、第二に、自律性を喪失し、他人の理性に依存しなければならないという意味で、二重に不自由な存在と見なされた。少なくとも言説のレベルではそうだ。しかし、これは十八世紀末のドイツのみならず、近代社会で広く共有された論理である。もう少し広げて言えば、近代社会は、安全性と自由を厳密に重ね合わせようとしてきた。つまり、人は安全性の要件を満たす限りにおいて自由なのであり、また、自由をそのように正しく用いるよう（社会学の用語で言えば）社会化されなければならない、とされてきたのである。刑務所、精神病院、学校といったものはすべて、この論理に多かれ少なかれ支えられている。このことをM・フーコーは『狂気の歴史』で次のように表現した。

> 《法的主体》という古い法概念に対して社会的人間《ロム・ソシアル》という同時代の経験を適合させることが十八世紀の不変の努力の一つであった。〔…〕十九世紀の実証主義医学は、啓蒙時代のこうしたすべての努力を継承している。〔…〕やがて医学が自分の客体とする精神病は、法的に無能力な主体と、集団を混乱させる者として認知された人間との、神話的な統一として徐々に組み立てられていく。[6]（傍点引用者）

死ぬ権利について、今日、私たちが慎重にならなければならない理由の一つは、ナチ時代のドイツとその占領地域で精神病者や障害者に対してなされた安楽死計画という負の経験ゆえにだが、これもフーコーの言う右の「神話的統一」によって突き動かされていた。

K・ビンディングとA・ホッへの『生きるに値しない生命の抹消の解禁』（一九二〇年）は、今日のバイオエシックスのパーソン論を先取りしながら、重度の知的障害や精神障害の者はすでに、フーコーにならって言えば「法的に無能力な主体」であるがゆえに、その者を死に至らしめても、何の権利侵害も生じないと説いた。(7) また、ナチの断種法（一九三三年）の第二条は、不妊手術は本人の申請にもとづくことを原則としながらも、「法的行為能力のない者」「知的障害ゆえに法的に無能力な者」「十八歳未満の者」については、法的代理人に手術の申請を委ねた。法的に無能力と見なされたから、不妊手術は強制できたし、されたのである。

他方、安楽死計画の対象となった人びとが、フーコーの言う「集団を混乱させる者」と見なされたのは、十九世紀後半から築かれ始め、ワイマール共和国で一つの完成を見た福祉国家を背景にしてである。ドイツのみならず、北欧諸国で、世界恐慌後の一九三〇年代に不妊手術等の優生政策が実施されたのは、それらが、十八世紀末にカントやフンボルトの自由主義が求めた国家像を時代遅れとしつつ、国民の積極的福祉を気遣うようになったからである。福祉国家は、人間の生命に対して責任を負うがゆえに、財政的観点からも、誰が生まれる（生きる）に値し、誰がそうでないのかという選別を積極的におこなうこともある。ヒトラーが、一九三九年九月一日を境に不妊手術を原則、中止し、安楽死計画にまで突き進んだのは、不妊手術の対象とされた人たちが、総力戦（第二次大戦）の開始によって一層、「集団を混乱させる者」、つまり戦争遂行の足手まといと見なされたからである。

福祉国家と連動しているのは、社会的安全性（社会保障）という新たな安全性概念である。social security という言葉は、一九三〇年代のアメリカでニューディール政策との関連で初めて用いられ、以後、各言語圏でそれに相当する言葉が用いられてゆくが、少なくとも二十世紀半ばまでの welfare state（福祉国家）は warfare-welfare state（戦争・福祉国家）という複合体として理解されなければならない。フーコーは言う。

どんな歴史の中でも、第二次大戦の場合のような虐殺を見出すのは困難でしょう。そしてまさしくこの時代に、この時期にこそ、大がかりな福利厚生事業、公衆衛生、そして医療扶助計画が促進されたわけです。例のベヴァリッジ計画は〔…〕まさにこの時期に少なくとも発表されました。以上のような二つの出来事の同時発生を、スローガンを使って象徴的に表してもよいでしょう。すなわち、殺されにゆきたまえ、そうすれば、きみに快適な長生きを約束してあげよう、と。生活・生命の保証が、死の命令と結びついているのです(8)。

今日の死ぬ権利について言えば、死ぬ権利を望む人たちはそれで他の人びとに何の迷惑もかけないのだから、これを認められなければならない、という自由主義の論理は、その人がさまざまなケア（cura）を必要として生き続ければ、他の人びとや社会に不利益がもたらされ、安全性（ケアのない状態としての securitas）が脅かされる、という判断を、そうとは明言せずに、ともなっていることが少なくない。

一九九四年の論考で、私は大筋、以上のように述べたが、今から振り返るに、安全性に関する私の考察の出発点は、それを自由との緊張関係でとらえつつ、自由を安全性へと囲い込んでゆく近代社会の統治や権力のあり方を批判的に問いなおすというものだった（当時は自覚しなかったが、「国家の安全性」を掲げたソ連のＫＧＢや東ドイツのシュタージに見られた、安全性による支配の一つの終焉を目の当たりにしながら、私はこの論考を書いたように思う）。裏返すなら、自由の領野を安全性という論理に抗して広げるということだが、その自由は、ケアのない状態としての securitas に抗するものである以上、個人の自己決定を説いて終わるのではなく、ケアを開き、ケアを介して他者へ身を開いてゆく自由として構想されていたと思う。

二　安全性の装置

この延長線上でさらに、私は『現代思想』の一九九七年三月号に「安全性の装置」という論考を寄せた[9]。同号の特集は「フーコーからフーコーへ」と題され、その翌年から日本語訳の刊行が始まる『思考集成（*Dits et écrits*）』等を手がかりに、Ｍ・フーコーを読みなおすというものだった。

「安全性の装置（dispositif de sécurité）」という言葉を私は、一九七八年一月に始まるフーコーのコレージュ・ド・フランスでの講義『安全・領土・人口』から継承したが[10]、この講義で示される安全性の装置の概念は、その対象があまりに狭く限定されており、私は大きく修正する必要があると考えている。その理由は後述するとして、この講義で問題となるのは、再び自由主義であり、フーコーは、レッセ・フェール（自由放任）という言葉を広めた重農主義（原語の physiocratie のもともとの意味は、自然の支配）の食糧不足に関する考え方に、安全性の装置の一例を見ている。

食糧難を解消する方策として、重農主義は、後に社会主義が説くような計画経済によって、どこ(誰)が、何を、どれだけ生産すべきか、等を決め、これを実行させるようなことは推奨しなかった。そうではなく、重農主義は「なすがままにする」「なるがままにする」「物事をなるがままに放置する」[11]。その結果、どこかの誰かが餓死することがあったとしても、たとえばフランスという国全体で見れば、自由な経済活動によって物流は促進され、食糧難は計画経済のような場合よりも、はるかに小規模のものに抑えられるか、完全に解消される、と重農主義は考えた。

このような意味での安全性の装置を、フーコーは規律と対比させて、次のように説明する。

規律《ディシプリン》は定義上、あらゆるものを統制する。規律は何も逃さない。規律は物事を放任しないだけではない。最も些細な事柄であっても放置してはならないというのが規律の原則です。〔…〕安全装置は〔…〕その反対に、放任する。ただし、すべてを放任するというのではない。放任が不可欠である水準があるのです。価格が上昇するにまかせ、不足が起こるにまかせ、人々が飢えるにまかせるわけですが、これによって、ある事柄を放任しないということがなされる。つまり、食糧難という全般的な災禍は、起こるままに放置されはしない[12]。

フーコーとは別に、交通事故を例に考えてみよう。痛ましい死亡事故や負傷事故を無くすために、私たちはドライバー一人一人に安全運転を心がけるよう強く迫るが、これはフーコーの言う規律である。他方、私たちは、死亡事故を含む交通事故の発生をゼロにするために、自動車の運転そのものを全面的に禁止しはしないという意味で、交通事故を起こるにまかせている。それどころか、経済成長のためにも、自動車を数多く売り、交通事故の原因を増やしているとさえ言える。交通事故で人が死ぬことを、私たちは致し方のないリスクとして肯定しているのだ。しかし、そのことで個人が被る害を、少なくとも経済的には最小にするために、私たちはたとえば自動車保険という安全装置をつくりあげている。

さて、この交通事故の例からも、フーコーが一九七八年一月の講義で提示した安全性の装置（安全装置）の概念があまりに狭すぎることが分かる。交通事故を起こるにまかせることで成立している自動車保険が、フーコーの言う安全性の装置であることは明らかだが、他方、一人一人のドライバーに安全運転をせまる規律をその安全性の装置から外して、これに対置するというのは、どうかしている。どちらも安全性に定位している以上、安全性の装置は、両者を包含するものとして立てられるべきだ。フーコーは安全性という概念を、あまりに狭く設定している。

以下の二つの理由から、フーコーの安全性の装置の概念には大きな修正が必要である。

第一に、規律は、歴史的に見ても、そのすべてが（社会の）安全性に定位していた。フーコーに即して言えば、『監視と処罰』（田村俶訳『監獄の誕生』新潮社、一九七七年）で書かれていることはすべて（社会の）安全性に関係している。フーコーは安全性の装置を自由主義に結びつけて論じたけれども[13]、その自由主義によって批判されるJ・P・フランクの医療ポリツァイもまた、安全性に定位していた。フランクは「国家の内的安全性《インネレ・ジッヒャハイト》がポリツァイ学全体の対象である」と説いた上で、次のように述べている。

個々人の生命を守ることは、国民の血の犠牲を払って領土を獲得することよりも、はるかに重要なことだと見なされなければならない。あらゆる障害物、とりわけ公共の福祉を損なうような障害物は、可能な手段をすべて用いて取り除かれなければならないし、また、そうすることで公的な安全性を、母親の胎内のまだ生まれていない市民に対しても確保しなければならない。〔…〕こうしたことすべてが医療ポリツァイの課題なのであり、健康に少しでも関係することならば、どんな些細なものであれ見逃さないこと、それこそが私の義務であろう。[14]（傍点引用者）

これは間違いなく、フーコーの言う規律であり、しかもその総体は安全性に定位している。その規律を含めて、安全性の装置というものを考えなければならない。フーコーというよりはドゥルーズの所論を梃子に広がった「規律社会から管理社会（安全社会）へ」という物言いに疑問を呈しながら前川真行が言うように、「規律権力こそが、その誕生以来、保安処分、つまり安全のための措置だった」のである。[15]

第二に、一九七八年一月の講義では安全性の装置を自由主義に結びつけて論じたフーコーだが、しかし、彼は同じ時期に自由（主義）を逆に脅かすものとして安全性を語ってもいる。その前年の七七年十一月、フランス政府は、ドイツ赤軍のテロ活動を支援したとの嫌疑をかけられ、政治的庇護を求めてフランスに逃れていた、西ドイツの弁護士、クラウス・クロワッサンの身柄を拘束した上で、西ドイツ政府に送還すると決定した。フーコーは、クロワッサンが収監されていた刑務所の前で他の人びととともにその送還に抗議したが、同年十一月十八日付のスイスの『ル・マタン』紙に掲載されたインタビュー記事で、次のようにフランス政府の決定を批判した。

公共の安全性《セキュリテ・プブリック》を掲げるキャンペーンはすべて、政治的に有効な、信頼できるものになるためにも、政府が合法性《レガリテ》の枠を超えて迅速かつ強硬な手を打つのにも根拠があると思わせることができるような、人目を引く様々な策によって後押しされなければならないのです。今後は、安全性というものが法を凌駕することになるんです。権力はこれまで、法律という手段によっては市民を保護することなどできないということを示したがってきました。(16)

法の支配を欠いた自由主義などありえない。その法の支配を掘り崩すものとして、フーコーはここで公共の安全性に言及し、それを合法性に対置した。自由（主義）を脅かすものとしての安全性は、二〇〇一年の九・一一のテロ以降、世界的に強まっており、日本でも、安倍晋三内閣が二〇一五年五月に国会に提出した安全保障関連法案に対して反対や批判が強まった際、国家安全保障担当総理補佐官をつとめた礒崎陽輔氏は、同年七月の講演で「考えないといけないのは、我が国を守るために必要な措置かどうかであって、法的安定性は関係ない」と述べた。(17) ここでも安全性、正確には国家安全保障《ナショナル・セキュリティ》が法を凌駕したが、そのことによって日本の自由主義は後退したと見るべきだろう。いずれにしても、法の支配や自由主義を毀損するものとしての安全性を含んで、安全性の装置という概念は立てられるべきだ。

ひとまずフーコーを離れ、村上陽一郎の安全学に目を転じよう。

村上と私とでは、安全性に関する考察が互いに正反対の地点から始まっていた。一九九四年と九七年の二つの論考で私が主張したのは、要するに、安全性は危険であるということだ。他方、村上が『現代思想』の九七年六月号から始める一連の論考で強調したのは「われわれは現代社会のなかで、益々増大する「危険」の間で生きている」ということであり（『安全学』一七頁）、その危険の中で安全性を構築することの必要性と重要性だった。村上は危険から安全性へと向かい、私はその安全性が危険となりうると言った。

だが、安全性の装置というものは、この循環する二つの視座をともに包含することで初めて完成される。「安全性は危険である」という私の命題は、何かを危険と認識している限り、再び安全性を求め、安全性へと送り返される。他方、安全性の危険という逆説的かつ再帰的な認識を欠いた安全性は、それ自身、安全ではなく、危険なものになってしまう。

具体的に説明する。

村上陽一郎は、二〇〇二年から二〇一〇年までの八年間、日本の原子力安全・保安院の保安部会長をつとめた。最初に強調しておくが、『安全学』（一九九八年）や、私も参加させてもらった対談集『安全学の現在』（二〇〇三年）などをふまえて、村上が原子力に係わるこの職務を引き受けたことについては、知識人・学者の社会的責務の誠実な遂行として、私は深い尊敬の念を抱いている。少なくとも私などにはできなかったことだ。

そうであるがゆえに、村上の次のような「痛恨の想い」もまた重く受け止めなければならないと考えている。この原子力安全・保安院では、震度等の「地震の揺れ」が検討の中心となったが、村上によれば、そこでは「津波の問題を論じる場面が一度もなかった」。原子力発電は大量の水を必要とするので水辺に建設されるが、日本ではその地勢から例外なく海辺に建設される。こういう「日本の原子力発電所の立地条件が抱える宿命から言って、当然当事者の間には、それなりの津波対策が進んでいるはずという、実は根拠のなかった思いとが重なって、津波の問題を中心とした十分な議論の機会を持てなかったこと、緊急冷却装置のすべてが津波で崩壊する、という可能性を想定できなかったことには、責任の一端を担ったものとして、深く恥じるとともに、申し訳ない気持ちで一杯である」(『移りゆく社会に抗して』九一頁)。

誠実さから来る村上のこの悔恨とともに、私たちが安全学という構想に書き加えなければならないのは、安全性の危険という認識である。安全性——ラテン語の securitas は「気づかい」「ケア」を意味する cura という名詞に、欠如や不在を意味する接頭辞の se- が結合してできた言葉——が危険に転じてしまうのは、なぜか。cura(気づかい、ケア)を喪失してしまうからである。地震の揺れへの気づかいによって原発の安全性が確認される一方、津波への気づかいが消えてしまっていたからである。

安全性の危険という認識は、一つの逆説《パラドクス》である。しかし、この逆説の展開《エントファルトゥング》(すなわち折り目《ファルテ》をつけてゆくこと)によって、一つのではなく、複数の安全性の視点が開かれてゆく。地震の揺れ(だけ)によって導き出された原発の安全性は危険である。安全性が危険であるというこの逆説は、しかし、次のように展開される。すなわち、地震の揺れという点で仮に原発が安全だとしても、津波という点ではそうとは限らない、というように。折り目を入れて、地震の揺れとは異なる津波という別の面をつくることで、逆説が解消されると同時に、新しい安全性の基準や観点が見出されてゆく。気づかいはさらに、原子力の利用の是非そのものに向けられるべきだ（脱原発）。安全性は安全であるという同語反復《トートロジー》からは、何も生まれず、気づかいもそこで消滅する。

フーコーに戻って言えば、一九七七年十一月のクラウス・クロワッサンの西ドイツ送還に際して、フーコーは、テロの封じ込めという形で強まってゆく安全性を、法の支配を掘り崩すものとして批判した。フーコーが安全性に対置した合法性を、二〇一五年に日本の礒崎陽輔氏は「法的安定性」と表現したが、それを仏語で表現すれば sécurtié juridique であり、独語で表現すれば Rechtssicherheit である。ハイエクはある論考で「自由の安全装置（safeguard of liberty）」なるものについて語っているが(18)、安全性の論理に抗して自由を守ろうとするなら、それはそれで別種の安全性が求められるのである。一九九四年の前述の論考では、わたし自身、この点を十分に自覚していなかった。

以上をふまえて、安全性の装置という概念に立ち戻ろう。

G・ドゥルーズは、次のように述べている。「フーコーの哲学は、しばしば、具体的な諸装置の分析という姿を呈する。では、装置《ディスポジティフ》とは何か。装置とは、何よりもまず、縒りあわされた糸のかたまりであり、多重線形的な総体である。それは、異なった本性をもつ複数の線で合成されている(19)」。

ドゥルーズのこの示唆にそって、安全性の装置というフーコーの概念は補正されなければならない。フーコーは重農主義に言及しつつ、安全性の装置を自由主義に結びつくもの、人口に定位するものとしてのみ語ったが、それに対置された、個人に照準する規律という異なる線もまた、安全性の装置を構成する。あるいは、テロの封じ込めを目的として、法の支配や自由主義を掘り崩す公共の安全性、さらに、その公共の安全性に抗して、法の支配を維持するための法的安定性も、そこに加わる。村上陽一郎が関わった原子力の安全性も、そこに入るはずだ。

安全性の装置が、互いに異なる、いや対立するさまざまな線によって構成されるということを、村上陽一郎は最初から完璧に理解していた。そのことは『安全学』の第十三章「唯一解から複数解へ」で十二分に示されている。互いに対立する安全性の考えがある以上、そこには、一方を重視すれば、他方が損なわれるという「トレード・オフ」の問題が生じうる、と村上は指摘した（同、二二三頁以下）。村上は、安全性の問題を考えるにあたっては「唯一解信仰からの脱却」と「複数解の容認」が不可避であり、それは言いかえれば「寛容」の主張であると述べる。

〔それは〕もろもろの価値からの、あるいはもろもろの観点からの「解」を、「解」として容認すること、そしてある特定の「解」が今選ばれたのは、取り敢えずある特定の価値と視点に重きを置いたからであって、それ以外の可能性を否定し、捨てたわけではない、ということを、常に、強く、認識することの提言である。（同、二三五頁）

私自身も安全性の装置については、今のところ、これ以外の提言を持ち合わせていない。一言付け加えるなら、どの解を取り、優先すべきかをめぐって展開されるのが、政治である、ということだ。

三　安全性の歴史的意味論（概念史）

意味論については、言語学で複雑な議論が展開されており、形式意味論、認知意味論といった分化も生じているが、ここではI・タンバが「自然発生的な意味論」と呼んだものに依拠して[20]、意味論を定義したい。「ある言語を話せるという能力は、その言語について話せるという能力を意味する」というR・ヤコブソンの言葉（たとえば、日本語ができるというのは、日本語で日本語について説明できるということを意味する）を引用しつつ、タンバは「○○とは何か」という問いに人びとが当該言語で提示する答えを、自然発生的な意味論と呼んでいる。意味論は、言語がそれ自身に折れ返ることによって生まれる。社会学でもN・ルーマンが意味論を「高度に一般化され、相対的に状況から独立して利用できる意味」「意味の日常的用法」と定義したりしているが[21]、簡単に言えば、それは「○○とは何か」に対する人びとの答えの集積に他ならない。

「○○とは何か」に対する答えは、しかし、時とともに変化する。その変化を追うのが「歴史的意味論」だが[22]、それは「概念史」という作業とも大きく重なる[23]。村上陽一郎の安全学という構想には、安全に関するこの歴史的意味論（概念史）が加えられて然るべきではないか、というのが私の考えである。

村上の安全学が喫緊の課題としているのは、特に医療や科学技術の分野で増大している危険に対して、安全性をどう確保するか、というきわめて実践的なものであることは十分、承知している。しかし、N・ルーマンにならって言えば、そのような「一次の観察」だけでなく、学としては安全性に関する「二次の観察」も必要だろう。一次の観察とは、何が（どのような状態が）安全かとストレートに問い、これに答えるものである。それに対して、二次の観察とは、安全性という言葉や概念を用いて、人びとは世界や社会をどのように観察しているかを観察する、というものだ[24]。一次から二次への観察の移行は様々な形でなされうるが、安全性とは何かに対する答えが、時代や社会によってどう異なるかを観察する作業も、そのような移行を可能にするはずだ。

以下では、紙幅が許す範囲で、安全性に関する歴史的意味論（概念史）を私なりに素描しようと思うが、その前にいくつか述べておく。

「安全性」という日本語に対応する英語の一つは security である。その語源はラテン語の securitas（名詞）であり、これは、すでに述べたとおり、欠如や不在を意味する se- という接頭辞と、「気づかい」「ケア」を意味する cura の合成からなる。もう一つ、safety という英語があるが、これはラテン語の salvus（健やかな、無傷の）に由来する。safety と security については、現在、前者は単なる安全を意味するのに対して、後者は他者からの攻撃を前提として、そこから身を守ることだ、といった説明がなされるが、それは（今の）英語に限定された区別であって、他の西洋諸語（独語、仏語、等）でそれと同じ区別が設けられているわけではないし、日本語でも同様である。日本語でより重要なのは、客観的な状態とされる「安全」と、主観的な心の状態とされる「安心」の区別だが、一八六七年のヘボンの『和英語林集成』（初版）から始めて、一八八〇年代までに刊行された各英和辞典を見ると、security には「安心」「安全」の両方の訳語があてられる一方、safety については「安全」

という訳語が中心で、「安心」が添えられることは稀である。この状況は今もそう変わらない。「安全」という日本語は、もともとは「願はくは子孫繁栄絶えずして〔…〕天下の安全を得しめ給へ」(『平家物語』巻三「医師問答」)のように(小学館『日本国語大辞典』第二版)、統治に関わる概念、すなわち後述する安全性の第Ⅱ相に属するものとして出発したが、今日では、村上が関わった原子力のように第Ⅲ相(後述)で使われることの方が多くなっている。

他方、「安心」という日本語には、二つの読み方があるという点が重要である。一つは「あんしん」だが、もう一つ、たとえば丸山眞男の「福沢諭吉の哲学」(一九四七年)には、「福沢は福沢なりに人生全体の意義に対する終局的な「問い」とそれの「安心」観を持っていた」という一文があり、この「安心」には「あんじん」というルビがふられている。[25] 福沢自身の『学者安心論』(一八七六年)も「あんじん」と読む。今ではほとんど用いられないが、「安心《あんじん》」は仏教用語で、信仰によって精神的に不動の境地に達することを意味し、特に浄土系仏教で重視された。「異安心《いあんじん》」という言葉もあり、これは安心について正統とは違う異端の考えをもち、これを説くことである。

西欧のキリスト教世界では、宗教改革期まで否定的に語られるsecuritasが、一転して肯定的に論じられるようになる(後述)。それが、キリスト教世界における近代の特徴の一つであり、村上陽一郎の言う「聖俗革命」で生じたことの一つも、その逆転だと私は思うが、他方、日本において「安心」は、信者が到達すべき目標として、終始、肯定的に位置づけられてきた。この違いに留意する必要がある。ある言語のそれ自身への折れ返りとして先ほど私は意味論を説明したが、ここで浮上しているのは、二つ以上の言語が交通する翻訳という問題である。その翻訳と意味論の関係が問われて然るべきだが、ここでは立ち入らない。

最後に、言語の違いをひとまず脇に置き、安全性について一般的な区別を設けておきたい。安全性は、次の三つの相に大別できる。

第一に、主観的意識としての安全性である（安全性Ⅰ）。日本語で「安心」と表現されるものであり、ラテン語の securitas も、その元のギリシャ語の ἀταραξία も、もともとこの相に属する。およそ安全性なるものは、次に述べる第Ⅱ相、第Ⅲ相を含めて、この主観的意識としての安全性なしには成立しない（戦争やテロであれ、原子力や地球環境問題であれ、これらを脅威や危険として知覚する意識がなければ、安全性という問題はそもそも成立しない）。この第Ⅰ相に属するものとして、本稿では宗教的・哲学的な概念としての安全性を扱う。

第二に、人間と人間の関係、すなわち社会的次元で問題にされる安全性であり、私が前述の一九九四年、九七年の論考で論じた安全性、さらに国家間で問題になる安全性（安全保障）は、この相に属する。この相の安全性は、多分に政治的な概念である（安全性Ⅱ）。この安全性Ⅱについては、本稿でもすでにいくつかのことを述べており、紙幅の関係でこれ以上立ち入らない。

第三に、人間とモノや自然との関係において問題にされる安全性であり、技術的安全性、あるいは「リスク社会」（U・ベック）といった文脈で議論されてきた安全性は、この相に属する（安全性Ⅲ）。

以上の三つの相は、互いに全く独立（無関係）ではなく、相互に連関している。そのことに留意しながらも、以下、第Ⅰ相と第Ⅲ相に焦点を絞って、安全性とは何かという問いに、どのような答えが与えられてきたかを、歴史的に見てゆくことにしよう。

四　主観的意識としての安全性（安全性Ⅰ）

ラテン語の securitas は、ギリシャ語の「アタラクシア（ἀταραξία）」（否定辞の α- と「乱す」「揺るがす」という意味の ταράσσω という動詞の合成語で「心が乱されていない状態」を意味する）の訳語・対応語として生まれ、用いられた。エピクロスは、死に関する周知の不可知論、すなわち、私たちが存在しているかぎり、死は存在せず、死が存在するとき、私たちはもはや存在しないがゆえに、死を想うのは無意味である、という主張との関連で、心の不動《アタラクシア》について語っている[26]。

このアタラクシアを、セネカは securitas 等のラテン語で継承しながら、たとえば次のように述べている。「心の平静《セクリタス》にとって最も重要なことは、不正を何一つしないということである。自制を欠く者たちは混乱し、動揺した生をおくることになる[27]」。心の平静は、エピクロスと同様、セネカにとっても人間が到達すべき目標であり、セネカはそのために何が必要か、何をなすべきかを、さまざまな角度から論じている。

ところが、この『道徳書簡集』で、セネカは securitas という概念に、ある逆説を埋め込む。あるいは、この概念に潜む逆説を顕在化させる。というのも、セネカはそこで次のようにも言うからだ。

ここで私たちが言及すべき自然《ナトゥーラ》は四つある。すなわち、草木、動物、人間、そして神である。最後の二つのものは、理性の力をそなえている点で、同一の自然である。しかし、両者は、神が不死であるのに対して、人間は可死的であるという点で異なっている。また、神において善《ボーヌム》を完成させるのは自然であるのに対し、人間において善を完成させるのは気づかい《クーラ》である。[28]

この箇所をハイデガーの『存在と時間』もその第四二節でそっくり引用しているが、この箇所は、現存在の根幹に気づかい《ゾルゲ》を据える『存在と時間』の主張を、丸ごと圧縮して表現したものとも言える。

エピクロスとは対照的に、セネカは人間が可死的であることに結びつけながら、人間には神と違って「気づかい（cura）」が必要である、と述べる。securitas（心の平静）が人間の完成させるべき「善」の一つであるならば、それをもたらすのは、セネカによれば「自然」ではなく、人間の「気づかい」である。すると、ここから導かれるのは、「気づかいのない状態（心の平静）は、気づかいそのものによって生み出される」「気づかいがなければ、気づかいのない状態も生まれない」という逆説である。

A（cura）が非A（securitas）を根拠づける（Aゆえに非A）というこの形式が、単なる矛盾（Aなのに非A）とは区別されるべき逆説を構成するのだが、[29]セネカのsecuritasに関する意味論で何より重要なのは、この逆説である。それはエピクロスにはないものだ。この逆説は、私たちが、今、現在、安全性を考える上でも非常に大事である。そして、この逆説は先に見た、安全性は危険であるというもう一つの逆説と重ねて理解されなければならない。安全性の危険という逆説を認識することで、気づかいは再開され、その気づかいが新たな安全性を開く。

次に、ユダヤ教とキリスト教を見てゆこう。

旧約聖書はもともとヘブライ語で、他方、新約聖書はギリシャ語で書かれているので、さらなる検討が必要だが、四世紀末以降にヒエロニムスらによって整えられたウルガータ（ラテン語訳聖書）に即して securitas という言葉のあらわれ方を見ておく。

文献学者のE・ヴィンクラーによれば、旧約でも新約でもこの言葉の登場回数はそう多くないが、旧約ではこの言葉が否定的な意味合いを全くもたないのに対して、新約では否定的な意味合いをもって登場する箇所がいくつかある。(30)

旧約では、「五人はさらに進んでライシュに着き、その地の民が、シドン人のように静かに、また、穏やかに安らか《セクルム・エト・クウィエテム》な日々を送っているのを見た」（士師記、一八・七）、「正義が造り出すものは平和であり、正義が生み出すものは、とこしえの静けさと安寧《セクリタス》である」（イザヤ書、三二・一七）、という具合に登場する。

対して、新約では次のようになる。「兄弟たち、その時と時期についてあなたがたに書き記す必要はありません。盗人が夜やって来るように、主の日は来るということを、あなたがた自身よく知っているからです。人びとが「無事だ。安全《セクリタス》だ」と言っている、そのやさきに突然、破滅が襲うのです」（テサロニケの信徒への手紙一、五・一―三）。

securitas は、さらに後のキリスト教において、七大罪の一つとされた「怠惰（acedia）」と同義のものとして否定的に理解されてゆく。ラテン語の acedia は、ギリシャ語の ἀκηδία（気づかい［κήδος］のないこと、無頓着、無気力）をそのまま転用した言葉である。セネカらは securitas を αταραξία（心が乱されていないこと）に対応させて理解していたが、語義的には ἀκηδία（気づかいのないこと）の方が securitas により正確に対応している。

宗教改革は、キリスト教にもともとあった securitas に対するこのような敵意を呼び覚ましながら、真の信仰を確立せんとする運動として理解できる。

九十五ケ条の論題（一五一七年）で批判対象の一つとなる securitas を、ルターはさらにエピクロスに結びつけながら徹底的に非難した。たとえば、「そうして、彼〔=律法破壊者たちを操るサタン〕は最も危険な肉の確かさ《セクリタートゥム》、神をそしること、放恣、永遠に悔い改めないことを確立しようと思っているのであって、それはエピクロス自身以上である」といった具合に、である。[31]

徳善義和が想像と脚色を交えて伝えるルターの次のエピソードは、しかし、ルターが非難した securitas の内実を、私たちにありありと示してくれる。

> 町の司祭、大学教授として〔ザクセン近郊に〕赴任していたルターは、日中、街の路上でひとりの酔っぱらいを見かけた。〔…〕そのような生活を送っていては、魂の救いには至りえない。そう思ったルターは、男に声をかけた。「昼間から酔っぱらっていないで、真面目に働きなさい。そんなことでは、神さまの御心にかなわないよ。自分が死んだ後のことを考えなさい」。すると、男は酔眼を半分見開き、丸めた一枚の札を掲げながら、こう答えた。「神父様、あっしには、これがありまさあ。だから、大丈夫で」。男が手に握っていたのは、免罪符である。これを見た若きルターは、大きな衝撃を受けた。聖書の教えを学生たちに講義するだけではだめだ。この男の心にも届くように語る努力をしなければ。これが、ルターが自らの新しい使命に目覚めた瞬間で

あった。(32)

免罪符を手に入れて、死後のことなど考えず、安心しきって現世の内にまどろむこと。そのような生き方は真の信仰の対極にあると見たルターは、これを securitas と呼んで、否定した。

securitas の否定は、カルヴァンでも同様である。『キリスト教綱要』（第三稿、一五五九年）では、次のように述べられている。

> したがって、神はただ選ばれた者のみを、朽ちることのない種をもって永遠に生まれかわらせて、かれらの心情に植えられた生命の種が、決して滅びることがないようにされた。こうして、子とする恵みが、確乎・不動《ソリダ》のものとなるように、かれらのうちに証印されるのである。けれども〔…〕信仰者は〔かれらの持つべき〕信仰の確実《セルティトウード》さとすりかえて、肉的な安心感《カルニス・セクリタス》がしのびこむことがないように、細心の注意をもって、またへりくだりつつ、己れ自身を検討するように教えられるのである。(33)
>
> われわれが「信仰は確乎・不動《セルタム・アク・セクーラ》のものでなければならない」と教えるとき、いかなる疑いをも寄せつけない確かさ《セルティトウード》や、どんな不安にも襲われない安全さ《セクリタス》を想像しているのではない。むしろ、われわれは、信仰者には自己自身の疑惑に対する絶え間のない戦いがあると言う。(34)

予定説と結びついた救済に関する不可知論が、絶え間ない職業労働を動機づけ、それがやがて資本主義の精神に変貌し、というM・ヴェーバーの議論も、自分は救われている、大丈夫だ、という安心《セキュリ》感《ティ》が否定されて初めて成り立つのであり、事実、カルヴァンは右のとおり、否定した。ウェストミンスター信仰告白（一六四七年）についても、私たちは予定説に関する箇所にのみ目を奪われがちだが、この信仰告白全体が次の言葉で締めくくられている点に留意すべきである。

> キリストは、すべての者に罪を犯すことを思いとどまらせるためにも、逆境にある信者の大いなる慰めのためにも、わたしたちに審判の日のあることを確実に信じさせることを欲すると同時に、その日を人に知らせずにおかれる。それは、彼らがいつ主がこられるかを知らないから、一切の肉的な安心《カーナル・セキュリティ》を振り捨て、常に目をさまし、いつも備えして、「来たりませ、主イエスよ、すみやかに来たりませ」と言うためである。(35)

資本主義とプロテスタンティズム、特にカルヴィニズムとの間には「選択的親和関係」があるというヴェーバーの見解が正しいなら、資本主義は基本的に、反セキュリティである。シュムペーターが資本主義の核心にあるとした「イノヴェイション」「創造的破壊」は、決して人びとを安心させないし、その生活を安定させない。したがって、そのような資本主義に対する異議申立てと批判は、逆に、安全性を、より正確には社会的な安全性（社会保障）を求めることになるだろう。

さて、主観的意識の相（安全性Ⅰ）でセキュリティを否定した宗教改革は、第Ⅱ相の政治的・社会的次元でもセキュリティを否定した。どういうことか。血で血を洗う宗教戦争（ユグノー戦争、三十年戦争、等）をもたらすことによって、社会の安全性（平和）を破壊したのである。その結果として、その領土内では、それより上の権力や権威を認めない主権を有する領域国家が横並びするウェストファリア体制なるものが、ヨーロッパ世界で成立するが、ここでは立ち入らない。本稿では、この宗教戦争の結果、セキュリティの意味論が第I相（主観的意識）において、どのように変容しえたかを、ごく簡単に見ておく。

モンテーニュは『エセー』で、次のように述べている。

われわれ人間と動物とは、それぞれ自然からどんな恵みを受けているかというに、正直のところ、彼ら動物の受けとるものの方が、われわれ人間の受けているものよりもずっとまさっているのである。われわれは、人間の能力が自ら責任を持ちえない諸々の想像上の、また幻想上の善、いまだ存在していない未来の諸々の善、例えば理性とか知識とか名誉とかいうようなものを、自分たちの持ち分としている。そして、彼ら動物たちの方に、手にとったり手で触れたりすることができるような本質的な諸々の善、例えば平和、平安、安寧《セキュリテ》、無邪気さ、そして健康といったようなものを譲り渡している。(36)

人間は「想像上」「幻想上の善」にふりまわされ、「平和」「平安」「安寧」といった善を自分たちでは享受できず、動物たちに譲り渡している、と述べるモンテーニュにおいて、セキュリティは、ルターやカルヴァンと違い、再び、肯定されるべきもの、人間にとっての理想になっている。
この逆転は、なぜ、生じたのか。右の箇所が出てくる「レーモン・スボンの弁護」(第二巻、第十二章)と題された章は『エセー』の中でも最長の章だが、その直前の「残酷について」(同、第十一章)では、当時のフランスの状況が次のように批判される。

今わたしは、わが国の宗教戦争が生み出した乱脈のおかげで、この〔残酷という〕不徳の信じがたい実例が満ち満ちた時期に生きている。われわれが毎日経験しつつあるものほど極端な例は、古代の歴史の中にもなかなか見つからない[37]。

『エセー』の初版は一五八〇年に出版されているが、その八年前の一五七二年八月に、サン・バルテルミの虐殺がおきている。ユグノー(新教徒)の指導者のナヴァール王アンリと、フランス国王シャルル九世の妹、マルグリートの婚礼のために集まったユグノーに対して、旧教勢力がおこなった大虐殺で、犠牲者の数は最少の見積もりでも約五千人、最大で約三万人。フランスだけでなく、当時のヨーロッパは、これほどの大虐殺ではないにしても、このような紛争の繰り返しだった。新教徒の信仰の自由をそれまでよりも認め、フランスに平和らしきものを一時的にもたらす「ナントの勅令」が、今やアンリ四世となった、かつてのナヴァール王アンリ自身によって出されるのは、『エセー』の初版刊行から一八年後の一五九八年である。
宗教戦争を前にして、モンテーニュはセキュリティの意味論を逆転させる。つまり、ルターやカルヴァンが、安全性とは何かという問いに、それは（真の信仰のために）否定されるべきだと答えたのに対して、モンテーニュは、それは人間が手にすべき善だと答えるのだが、もう一つ、重要なのは、こうした逆転がモンテーニュにおいて自然神学を媒介にしてなされているという点だ。セキュリティが肯定される前述の章のタイトルにその名が冠されるレーモン・スボン（一三八五―一四三六）はカタルーニャの神学者で、モンテーニュはスボンの『自然神学』（一四八七年刊）を一五六九年にラテン語から仏語に翻訳している。その序文では、次のように述べられている。

神は私たちに二つの書物を与えた。一つは、事物の普遍的な秩序、すなわち自然であり、もう一つは、聖書である。私たちに最初に与えられたのは前者であり、それは世界の始まりから与えられている。というのも、すべての被造物はどれも、神の御手から出でた文字に他ならないからである。〔…〕聖書という第二の書物は、後になって人間に与えられたが、それは第一の書物の代わりとして与えられたのである。〔…〕第一の書物が万人に共通であるのに対して、第二の書物はそうではない。聖職者でなければ、読むことができないからである。また、自然という書物は、偽物になったり、消えてなくなったり、間違って解釈されたりすることはなく、異端者もこれを間違って理解することはできないし、これから逸脱することもできない。しかし、聖書の場合は、事情が全く異なる。[38]

宗教戦争というのは、要するに、聖書の解釈をめぐる争いである。だが、それは第二の書物に過ぎないのであって、私たちがまず重んずべきは、第一の書物である「自然」「事物の普遍的な秩序」である。そして、それは異端者さえ間違って理解することのできないものであるがゆえに、万人を和解と統一に導くに違いない――。モンテーニュによるセキュリティの肯定は、スボンのこのような自然神学に支えられている。H・カメンは、「ひとは、よしんばキリスト教について知らなくても、自然の方に忠実にしたがうならば、自己を完成することができる」というモンテーニュの言葉を引きながら、モンテーニュが「神」よりも「自然」という言葉を多用した点を強調し、そこに「寛容」を説く「十八世紀の合理主義」の一つの起原を見ている。(39)

M・ヴェーバーが『職業としての学問』で引用した、オランダの博物学者、スワンメルダム(一六三七―一六八〇)の「私はここに一匹の虱を解剖して、諸君に神の摂理を証拠立てよう」という言葉に象徴されるように、西欧近代科学は十七世紀においても一種の神学でありえた。H・バターフィールドの説く「科学革命」は、西欧近代科学からそうした神学的・宗教的性格が脱落してゆく過程(世俗化)を適切にとらえていないとしながら、村上陽一郎はその世俗化の過程を、科学革命と区別して「聖俗革命」と呼んだ(『近代科学と聖俗革命』)。この聖俗革命は「神の真理ぬきの真理論」「神の働きかけぬきの認識論」をもたらすものであり(同、一二三頁)、その過程で「光の源泉としての神自身が棚上げされる」(同、四五頁)。

スボンの『自然神学』は、その名のとおり神学であり、これに依拠した十六世紀のモンテーニュに「聖俗革命」をあてるのは時期的にも早すぎるだろう。しかし、モンテーニュにおいてすでに始まったセキュリティの意味論の逆転(否定から肯定への逆転)が、村上の言う「聖俗革命」と連動しているのは確かだろうし、村上の安全学という構想そのものが「聖俗革命」の延長線上にあるとも言えるだろう。

五　科学技術と安全性（安全性Ⅲ）

安全性の第Ⅲ相は、科学史・科学論の村上陽一郎が『安全学』その他で論じてきたところであり、本稿で私が言うべきことは少ない。社会学の視点から、いくつか述べるにとどめよう。

社会学者のF-X・カウフマンは、安全性について社会保障（社会政策）を中心に論じつつも、考えるべき安全性の一つとして「技術的安全性」をあげていた。

技術との関連で「安全」という言葉が用いられるようになったのは十九世紀に入ってからで、この用法は二十世紀になって広まった。安全性は、古来、人間と人間の間で打ち立てられるべきものと考えられていた。用いられる道具がもっぱら人的エネルギーをもとにしていた限り、そう考えるのが正しかった。人間がそのまま道具であるこのシステムは、人間の神経系の統制下に置かれ、他方、自然の諸力はこのシステムの外部に置かれていた。自然の諸力はそこで、運命、あるいは何をするか分からない荒々しい力と認知されたのであり、人間が対処可能な安全性の外にあるものと考えられた。〔…〕「人間を超えたもの」について安全性を云々することは、そもそも不可能である。〔…〕〔技術的安全性という概念が成立するのは〕人間が自らの意図的行為によって一定量のエネルギーを産出したり、自由に使えるようにしてからであり、黒色火薬から圧縮蒸気、さらに原子力に至るまで、こうしたエネルギーは、人間の働きかけがなければ、そもそも使える状態にはならなかっただろう。[40]

人間社会の外部に置かれていた自然、「運命」「何をするか分からない荒々しい力」と見なされていた自然に、U・ベックは「文明に吸収された自然」「産業化においてつくり出された第二の自然」なるものを対置した。[41] 後者において初めて可能になる技術的安全性については、ベックにならって、「危険」ではなく「リスク」という言葉を用いる方が適切だろう。

N・ルーマンによれば、「リスク」とは、あるシステムのなす決定に帰責される事象であるのに対して、「危険」とは、そのような決定にではなく、システムの外部の環境世界に帰責される事象である。[42] やや不正確な言い方だが、天災は危険であり、人災として認知されるべきものはリスクである。そして、リスクであるからこそ、それをめぐって安全性《セキュリティ》が構想されうるし、されるべきなのである。

他方、リスクではなく、危険に対して人間がとりうる態度を、ルーマンが「アタラクシア（不動心）」と呼んでいることは興味深い。[43] セネカの securitas にあって、エピクロスのアタラクシアにないのは、cura（気づかい）である。セネカのセキュリティに関する意味論では、気づかいのない状態である securitas（心の平静）も cura なしには到達しえないものだった。これに対して、エピクロスの場合、死の不可知論（死は存在しえないのだから、これについて考えるのは無意味だ、との主張）が典型だが、cura そのものを遮断することがアタラクシアである。それと同様、人間が対処しえない危険は、リスクやセキュリティの対象にはならず、ただアタラクシアをもって向き合うしかない、とルーマンは言う。だが、自然がアタラクシアの対象である時代は、近現代の科学技術の登場によって、とうに終焉した。

第Ⅲ相の安全性の意味論で、まず認識されるべきことは、人間と自然の関係のこのような変容である。

この変容を前提に、人間と自然の間で問われるべき技術的安全性、危険ではなくリスクとして考えられるべき安全性ではあるが、しかし、社会学的には、そこにおいても人間と人間の関係が、引き続き問われるべきである。

どういうことか。

ベックは次のように述べている。「貧困は階級的で、スモッグは民主的である。〔…〕危険《リスク》は、それが及ぶ範囲内で平等に作用し、その影響を受ける人びとを平等化する。〔…〕この意味では、危険《リスク》社会は決して階級社会などではなく、その危険状況を階級の状況として捉えることはできない[44]」。ベックのリスク社会論は、このように階級という問題、言いかえれば人間の不平等という問題を小さく見積もっているように見える。

しかし、社会学、特にアメリカの社会学では、貧困層や人種的マイノリティが有害な環境（住居、食料、仕事、等）にさらされるリスクがその他の人びとよりも高いという「環境レイシズム（environmental racism）」の問題に注意が向けられており、誰もが平等に、安全で健康的な環境で生活できるようにする「環境的正義（environmental justice）」の重要性も説かれている[45]。

富と同様、科学技術がもたらす有害な物質や環境にさらされるリスクもまた、不平等に分配されているという現状がある。

ベック自身、リスクにおける不平等の問題を無視しているわけではなく、その不平等は先進国内の階級として現出するのではなく、先進国と途上国の間で生まれていると見ている。ただし、彼の言う「ブーメラン効果」によって、途上国に押しつけられたリスクは先進国に回帰してくるので、最終的には両者の隔たりは「民主的」に埋められるとベックは考えている。「先進工業国は、危険性の高い工業を発展途上国に移転させることで危険を遠ざけたが、一方、食料品をこれらの諸国から安く輸入している。輸出された農薬は、果物、カカオ豆、飼料、紅茶などに含まれて、輸出した先進工業国へ戻ってくる。ここに見られるように周辺諸国の貧しく悲惨な地域が、豊かな工業地帯の入り口まで押し寄せてきているのである」[46]。しかし、そこから自動的に、途上国と先進国の間の格差や不平等が埋められるわけではなかろう。

日本における安全学の構想としては、村上も言及しているように、物理学者の武谷三男が提唱したものがある。武谷は、「危険が科学的に証明されなければ、それまでは禁止しない」という論理を批判し、その逆に「安全が科学的に証明されないかぎり、容認しない」という「安全性の哲学」の必要性を説いた[47]。この考え方は、危険が証明されるまで工場排水を認め続けた結果、甚大な被害をもたらした水俣病問題において、その重要性が原田正純らによって確認された[48]。

武谷は、この安全性の哲学を、「特権」に対置されるべき「人権」の論理に接続した[49]。特権の論理が、他の人びとを犠牲にした上で、一部の人びととだけに利益をもたらすのに対して、人権の論理はすべての人びとの利益に定位する。それゆえ、前者が「差別の論理」であるのに対して、後者は「連帯の論理」である。武谷は、安全性の論理が蔑ろにされる理由を、企業等の自己利益の追求を公共の福祉に優先させる社会のしくみに求めた。

武谷の言う「差別の論理」と「連帯の論理」には、前述の「環境的レイシズム」と「環境的正義」を重ね合わせることができるだろう。

水俣病の問題に医師として深く関わり、武谷の安全性の論理を重視した原田正純は、亡くなる四年前の二〇〇八年十月、障害学会が企画した「スティグマの障害学」というシンポジウムに登壇した。私も登壇したが、熊本学園大学で開催されたそのシンポジウムは、ハンセン病、水俣病、障害者差別の三つを問うもので、そこで原田は水俣病について、次のように述べた。「当時、病気のひどさもショックでしたが、もう一つ、患者たちが、徹底的に差別され隠れるように生きていた、そのことがショックでした。水俣病がおきて差別がおきたと思いましたが、その後、同じような例を世界的に見てきたところでは、公害がおきて、差別がおきるのではなく、むしろ、差別があるところに、公害みたいな、社会のマイナスなものが押しつけられる、そういった構造が見られたわけです[50]」。原田がここで問題にしていたのは、前述の「環境レイシズム」である。有機水銀（メチル水銀）は、ベックがスモッグについて言うような意味で「民主的」だったわけでは決してない。

村上陽一郎は、武谷の安全性の考え方について、やや厳しい見方をしており、特に武谷がアメリカは悪玉、ソ連は善玉としていた点は、村上と同様、私も首肯しかねる。村上の安全学は、冷戦崩壊という新しい状況の中で構想されている。その点に、武谷の安全性の考え方との大きな違いがあるが、階級や不平等という視座は、今も今後も把持されるべきものだ。村上の安全学の構想は、そのような視座とともに継承されねばならない。

注

（1）市野川容孝「死への自由?――メディカル・リベラリズム批判」『現代思想』一九九四年四月号、三〇八―三一九頁。

（2）井上達夫・嶋津格「民主主義にとってリベラリズムとは何か」『現代思想』一九九四年四月号、三三〇―三五二頁、三三〇頁。

（3）Johann Peter Frank, *System einer vollständigen medicinischen Polizey*, Bd. 4, Mannheim, 1788, S. 147.

（4）Wilhelm von Humboldt, *Ideen zu einem Versuch, die Granzen der Wirksamkeit des Staats zu bestimmen* (1792) in: Königlich Preussische Akademie (Hg.), *Wilhelm von Humboldts Gesammelte Schriften*, Bd. 1, Berlin, 1903, S. 87-254, S. 185.（『国家活動の限界』西村稔編訳、京都大学出版会、二〇一九年、一二四頁）

（5）Immanuel Kant, *Anthoropologie in pragmatischer Hinsicht* (1798) in: *Immanuel Kant Werkausgabe*, Bd. 12, Suhrkamp, 1977, S. 513.（「実用的見地における人間学」渋谷治美訳、『カント全集』第十五巻、岩波書店、二〇〇三年、一三四頁）

（6）ミッシェル・フーコー『狂気の歴史』田村俶訳、新潮社、一九七五年、一五一―一五二頁。

（7）森下直貴・佐野誠編著『「生きるに値しない命」とは誰のことか』中公選書、二〇二〇年、第一部。

（8）ミッシェル・フーコーほか『自己のテクノロジー』田村俶・雲和子訳、岩波書店、一九九〇年、二一三―二一四頁。

（9）市野川容孝「安全性の装置」『現代思想』一九九七年三月号、一二四―一三七頁。

(10) ミッシェル・フーコー『安全・領土・人口』高桑和巳訳、筑摩書房、二〇〇七年、四二頁以下では「安全装置」と訳されている。
(11) 同、五一頁。
(12) 同、五二頁。
(13) 同、五九頁。
(14) Johann Peter Frank, *System einer vollständigen medicinischen Polizey*, Bd. 1, Mannheim, 1779, S. 88-89.
(15) 前川真行「身体の牢獄——ふたたび規律権力について」『社会学雑誌』第三九号、神戸大学社会学研究会、二〇二二年、五九—九四頁、八八頁。
(16) Michel Foucault, "Désormais, la sécurité est au-dessus des lois" in: *Dits et écrits*, III, Gallimard, 1993, pp. 366-368.（「今後は法律よりも治安が優先する」石田靖夫訳、『ミッシェル・フーコー思考集成Ⅵ』筑摩書房、二〇〇〇年、五〇八—五一一頁）傍点引用者。
(17) 市野川容孝「安全性という危険」『現代思想』二〇一五年一〇月臨時増刊号、二〇六—二一一頁。
(18) F・A・ハイエク『市場・知識・自由』田中真春・田中秀夫編訳、ミネルヴァ書房、一九八六年、二一一頁。
(19) ジル・ドゥルーズ「装置とは何か」財津理訳、『現代思想』一九九七年三月号、六八—七七頁。
(20) イレーヌ・タンバ『新版　意味論』大島弘子訳、文庫クセジュ、二〇一三年、六二頁。
(21) ニクラス・ルーマン『社会構造とゼマンティク　一』徳安彰訳、法政大学出版局、二〇一一年、一〇—一一頁。
(22) Gerd Fritz, *Historische Semantik*, 2, Aufl., Verlag J.B. Metzler, 2006.
(23) Reihnhart Koselleck, *Begriffsgeschichten*, Suhrkamp, 2006.

(24) ニクラス・ルーマン『社会の科学 二』徳安彰訳、法政大学出版局、二〇〇九年、第二章「観察」(五七頁以下)。
(25) 丸山眞男『福沢諭吉の哲学 他六篇』松沢弘陽編、岩波文庫、一〇八頁。
(26) 『エピクロス 教説と手紙』出隆・岩崎允胤訳、岩波文庫、六七—七〇頁。
(27) Seneca, *Ad lucilium epistulae morales*, III, Harvard UP, 1925, p. 214.(『道徳書簡集(全)』茂手木元蔵訳、東海大学出版会、一九九二年、五四六頁)
(28) ibid., pp. 442-444.(同、六六二頁)
(29) C・バラルディほか『GLU——ニクラス・ルーマン社会システム理論用語集』土方透ほか訳、国文社、二〇一三年、「パラドクス」の項(二五八—二六二頁)。
(30) Emil Winkler, *Sécurité*, Berlin, 1939, S. 5-6.
(31) 「反律法主義者を駁する討論の提題」徳善義和訳、『ルター著作集』第一集第一〇巻、聖文舎、一九八〇年、三二三頁(原文参照の上、ラテン語をカタカナのルビで補った)。
(32) 徳善義和『マルティン・ルター』岩波新書、二〇一二年、八—九頁。
(33) カルヴァン『キリスト教綱要』Ⅲ/1、渡辺信夫訳、新教出版社、一九六五年、三六頁(原文参照の上、ラテン語をカタカナのルビで補った)。
(34) 同、四四頁。
(35) 日本基督改革派教会大会出版委員会編『ウェストミンスター信仰基準』新教新書、一九九四年、一一〇頁。
(36) モンテーニュ『モンテーニュ随想録』第四巻、関根秀雄訳、白水社、一九八二年、八六頁。
(37) 同、第三巻、二九二頁。
(38) Œuvres complètes de Michel de Montaigne, *La théologie naturelle de Raymond Sebon*, Tome 1, Paris,

1932, ix–x.
（39）ヘンリー・カメン『寛容思想の系譜』成瀬治訳、平凡社、一九七〇年、四二―四三頁。
（40）Franz-Xaver Kaufmann, *Sicherheit als soziologisches und sozialpolitisches Problem*, 2 Aufl., Stuttgart, 1973, S. 61–62.
（41）ウルリヒ・ベック『危険社会』東廉・伊藤美登里訳、法政大学出版局、一九九八年、一二九頁。
（42）ニクラス・ルーマン『リスクの社会学』小松丈晃訳、新泉社、二〇一四年、三八頁以下。
（43）同、一二六頁。
（44）前掲『危険社会』五一頁。
（45）Anthony Giddens & Philip W. Sutton, *Sociology*, 9th ed., Polity, 2021, p. 190.
（46）前掲『危険社会』六六頁。
（47）武谷三男編『安全性の考え方』岩波新書、一九六七年、二一九頁以下。
（48）原田正純『水俣病』岩波新書、一九七二年、一二〇頁以下。
（49）武谷三男『安全性と公害』（武谷三男現代論集、第五巻）勁草書房、一九七六年、一三三頁以下。
（50）原田正純「水俣病から学んだこと」『障害学研究』第六号、明石書店、二〇一〇年、一八―二二頁。

機能的寛容論の批判的継承に向けて

萩原優騎

一　本稿の課題

村上陽一郎の近年の論考に頻出するキーワードの一つを挙げるとすれば、「寛容」であろう。安楽死をはじめとする医療や生命倫理に関わる考察、COVID-19（新型コロナウイルス感染症）の問題を扱ったパンデミック論などで、その結論部分において「寛容」の重要性が繰り返し説かれている。しかし、それらの論考では紙幅の制約もあり、この概念の意味、提唱されるに至った背景や文脈などについて、必ずしも詳細な説明がなされているわけではない。その結果、村上の意図は読者、特に村上の数多くの著作に親しんできたわけではない人々に対して、正確に伝わっているだろうかという疑念が湧き上がるのを禁じ得ない。もちろん、それぞれの論考では、「寛容」という概念をどのような意味で、どのような意図で用いているのかということについて、必要最低限の定義はなされている。一方で、その定義を十分に理解するには、これまでの村上の議論にある程度は接していることが必要であると思われる。その最たる理由は、村上がこの概念を、世間で一般的に使用されているのとは異なる意味や文脈で用いているということである。

さらには、村上による「寛容」の定義や議論の文脈が研究の進展とともに変化してきたことも、この概念の正確な把握が容易ではない理由の一つである。つまり、ある時点での村上の議論に接しさえすれば、寛容論の意味するところを完全に理解できたということにはならない。必要となるのは、寛容論が提唱された初期の議論から最新の議論までを辿り、それぞれの時点での定義や文脈、そしてそれらの変化を把握することである。村上の論考は膨大な数に及ぶゆえ、本稿においてもその全てに言及することは到底できない。そのような制約があることを認めた上で、各時期に書かれた論考のうち、特に重要と思われるものに焦点を合わせて検討することを通じて、寛容論の全貌を明らかにすることを試みる。それにより、村上の近年の論考において「寛容」という概念が用いられている意図や文脈も、より明確になるはずである。また、後述するように、村上の寛容論には再検討の余地があると思われる点や、さらなる議論の展開が必要であると考えられる点も存在する。そうした点に関する考察を行うためにも、まずは村上の議論をできる限り正確に捉えることが必須となる。その上で、村上の寛容論を批判的に継承し得る可能性と条件を示すことを、本稿の課題とする。

二　寛容論の展開過程を辿る

(一)『文明のなかの科学』以前の寛容論

「寛容」という概念を村上が主題的に論じた初期の論考は、ヨーロッパの近代文明についての考察を中心としたものであった。一九九三年の「文明の構造とキリスト教」では、ヨーロッパに由来する近代的な成果を基盤として発展してきた先進国と、近代化を希求する開発途上国との対立の場面での一つの処方箋として、「寛容」という概念が提唱される。それは、「キリスト教の教えのなかにも含まれているはずの、しかし、制度としてのキリスト教（あるいは一般に生としての宗教）がともすれば忘れがちの「徳」である「寛容」を、絶対的な価値として容認することである。すべての議論をそこから出発させる、というささやかな合意の提案である」[1]。ここでは、「寛容」という概念はキリスト教に依拠した価値観であるとともに、その信仰を有する人々以外も、意思決定の場面で共有することが望ましいものとして位置づけられている。徳としての寛容に立脚した態度は、「極端な相対主義の立場」と表現される。すなわち、「絶対的な立場というものの存在を初めから捨てて、何が正義であり何が不正であるか、何が善であり何が悪であるか、何が真であり何が偽であるか、ということに対して、判断を行わない」ということである[2]。

こうした態度が求められるのは、環境問題という地球規模の共通課題に直面し、先進国と開発途上国との間に、解消しがたい様々な摩擦が生じるようになったからである。開発途上国は、先進国並みに近代化を遂げることを目標に掲げる。それに伴う環境破壊が問題視され、場合によっては近代化自体が環境保護を理由に否定されるとすれば、先進国との間での合意形成は容易ではない。そのような場面で重要となるのは、「極端な不公平が生まれないようにする」ことであると、村上は主張する。もちろん、「公平」は積極的に推進すべき絶対的な価値などではない。むしろ、そのような積極的な価値を放棄したところから議論を始めたのであるが、不公平の増大は摩擦と軋轢の増大につながり、ひいては価値の相克に由来する戦いの原因になることで、「寛容」の原則を守りにくくするという[3]。それゆえ、不公平の問題は、寛容を実現するために避けられないものとして位置づけられる。そして、摩擦を減らすという方向性を採用することにおいては、唯一の絶対的な筋道を辿ることはないとされる。「むしろ常に状況と事情によって、辿るべき途は揺動していると見なければなるまい。それでも、そのような緊張するダイナミクスのなかで、進むべき途を探り続けること以外に、われわれに残された方法はないのではないかと考える」[4]。

なぜ村上は、上記の文脈で「公平」という概念を掲げるに至ったのだろうか。「文明の構造とキリスト教」ではその理由は示されていないが、同時期に書かれた「地球家政学の提唱」での議論が、前提として存在していると思われる。村上は、地球規模の環境問題に人類が取り組むための戦略として、「地球家政学」を提唱した。その定義については、一九九七年の論考「地球家政学の構想」に、より明確な記述がある。地球家政学の基礎にあるのは、人間の「生」の多様性に着目するという発想である。

大切なことは、そうした多様な人間を抱え込んだ「家」が、全体としては、進歩でも開発でもなく、つねに「維持・保存・持続」をこそ目指しているという点である。その目標だけは、その成員に明確にではないにせよ意識されており、その目標達成に決定的なダメージを与えるような行動は、できるだけ抑制することを、お互いが認め合っている[5]。

このような共通の認識および目標の設定に必要となる観点を有するのが家政学であると、村上は考える。

融通や保全が一つの価値として主張され、かつ家全体の中で、極端な不利や不公平が生じないように、いつも流動的なスタンスが要求されている。〔中略〕考慮すべき事項は極めて多岐に亘り、それらのすべてを十全に満足させる決定的な解は存在しないが、それでも実践の段階では、どこかで解を与え、それを実現するための方法を採用している。(6)

以上から、不公平の増大という問題を改善することが地球規模の環境問題への取り組みにおいて重要な意味を持つと村上が主張した背景には、地球家政学の構想が存在していたことを確認できた。

(二)『文明のなかの科学』の寛容論

「徳」としての「寛容」という表現は、一九九四年の著作『文明のなかの科学』にも見られる。しかし、そこで展開されている議論には、「文明の構造とキリスト教」とは大きく異なる点がある。『文明のなかの科学』の主題の一つは、近代文明の普遍主義と、その普遍化作用の影響下に置かれるそれぞれの文化の多元主義との関係である。同書において村上は、日本語の「文明」に相当する《civilization》という概念が近代ヨーロッパに成立したことを論じる。そして、文明とは文化の一形態であり、文化が自らを普遍化しようとする意思を持ち、その意思を実行に移すための装置を備え、それらに基づいて多くの異なった文化を支配し統治しようとする状態を指すものであると定義する(『文明のなかの科学』八三頁)。普遍主義に立脚した近代文明の産物の普遍化作用の結果として、それに対抗する立場としての多元主義が現れる。それぞれの文化がその独自性を自覚し、個別性を尊重するように要求するという多元主義の主張は、文明の普遍化作用との相互関係を通じて育まれるのであり、それゆえ多元主義は文明の副産物であると言える(同、二三五―二三六頁)。

現代では、普遍主義と多元主義の関係において、さらに困難な状況が生じているという。一方で、近代文明はその普遍化の過程で、地球規模の環境問題をはじめとする様々な困難に直面した。その結果、文明の普遍化を実行するわけにはいかなくなり、これから文明化をしようとする地域に対して、それを待ってもらうか、別の道を探してほしいと主張することさえある(同、二三九頁)。他方で、この状況は多元主義にも困難をもたらす。個別の文化の独自性とアイデンティティを主張するはずの文化の側でも、文明の波及を歓迎し、それを受容して、文明に取り込まれようとする強い傾向が存在しているからである(同、二三七頁)。したがって、「普遍主義か多元主義か」という二者択一の図式は、もはや有効ではない。この状況は一見、普遍主義と多元主義の間に相互の乗り入れが実現しているかのようであるが、実際には硬直化した脱出不可能なディレンマである(同、二三九頁)。

こうしたディレンマへの処方箋として提唱されるのが、「メタ・レヴェルの相対主義」である。それは、「文化の多元主義と、文明の持つ普遍主義との間の葛藤の場面での相対主義」であると定義される(同、二三六頁)。これは、特定の「主義」に立脚するということではなく、「普遍主義か多元主義か」という二者択一の図式そのものを相対化するということである。「そこにあるのは、飽くまでも判断のダイナミズムである。特定の価値基準に足をべったりと置いてしまって、そこから、問題を理解し、そこから、問題解決を求めようとする、敢て挑戦的に言えば「知的怠惰」からの離脱である」(同、二四二頁)。そのことを、村上は「寛容」を導入すること、あるいは「唯一解を求めない」ことであると言い換えている(同、二四〇頁)。唯一の絶対的な解決策を想定した意思決定の在り方こそが、ヨーロッパの伝統の特徴の一つであるという。ヨーロッパの哲学は、相対主義を無条件に否定する傾向にあり、「普遍的・絶対的・唯一の解」の存在を暗黙に信じ、あるいは希求してきたと、村上は批判する(同、二四一頁)。ここにおいて、価値の複数性を主張する多元主義の「徳」という意味とは異なる、「寛容」の定義が与えられる。

無限後退であって少しも構わず、むしろつねに揺れ動いているという意味ではまさしく、無限後退であるからこそ、意味があるとさえ言ってよいが、しかしとにかく、そのダイナミズムの働きだけは容認しなければならない。そのとき、ダイナミズムの静的な把握が許されるとすれば、それが「寛容」になるだろう、と考えるのである。(同、二三二頁)

つまり、判断が揺れ動いているという状態を概念化すれば、それを「寛容」と表現できるということである。このように定義された「寛容」が、多元主義的な「徳」とは区別されるべきであることは、以下の文章において明確に示されている。「ここで言う「寛容」は、倫理的、道徳的な価値ではない。むしろ、道徳的、倫理的な価値を論じるための機会を提供するものとして、登場していると考えなければならない」(同、二二三頁)。

(三) 機能的寛容論の背景

判断のダイナミズムとしての「寛容」は、人間の認識能力に備わっている一つの機能であるという意味で、後に「機能的寛容」と表現される。『文明のなかの科学』でも言及されているように、判断のダイナミズムに関する考察の前提にあるのは、一九八四年の著作『非日常性の意味と構造』における議論である。同書では、日常性と非日常性の関係や、日常的世界像と科学的世界像との関係を主題に、検討がなされている。これらの関係を論じた背景の一つには、トマス・クーン(Thomas Kuhn)の「科学革命」論があったと村上は述べている。「知識の歴史が、連続的な蓄積の上に成り立つものでなく、パラダイムの不連続の上に成り立つものだ」と村上はクーンの主張を要約し、クーンはパラダイムが交代する際のメカニズムを明確には示さなかったと評している(『非日常性の意味と構造』六八頁)。そして、自身の見解を次のように表明する。「筆者自身も、パラダイム論を受け容れる場合に、そうした普遍的「メカニズム」があり得ないという主張は正当だと考えている。しかし、パラダイムの交代を論ずるに当たっての一つのシェーマはあるべきではないか、という思いを捨て切ることができない」(同)。ここに出てくる「シェーマ」という表現は、直後に「基本的な枠組み」と言い換えられている。ある知識体系が衰退して別の知識体系が主流となるという現象が歴史上において繰り返し発生してきたことの背後には、時代や場所に関係なく当てはまる普遍的な要因は存在しないとしても、それらの知識体系の交代にある程度共通する変化のパターンを見出せる可能性があり、それを「シェーマ」もしくは「基本的な枠組み」と村上は表現する(7)。

普遍的な要因ではなく、「シェーマ」もしくは「基本的な枠組み」に着目して歴史を記述することには、どのような意義があるのだろうか。村上は、同書において記述しようとしているのは実体的なメカニズムではないと、繰り返し強調する。例えば、自然科学の理論言語は一義的であるゆえに、研究者の共同体においては相互の伝達可能性が高いと指摘した箇所では、「ここで、こうした構造が実体的なものでなく、機能的なものであることに、更めて、留意しておくことは有益であろう」と注記している(同、五二頁)。同様の問題意識は、「神秘主義」に言及した箇所にも確認できる。これまでの歴史においては、ネオ・プラトニズムやヘルメティシズムをはじめ、「神秘主義」と呼ばれる思想が数多く存在してきた。しかし、概念装置がそれなりに分節化され、その装置に従って整えられた知識体系として存在してしまっては、もはや「神秘主義」の名に値しないと、村上は主張する(同、三五頁)。この主張と、それぞれの「主義」という形で定立された様々な「神秘主義思想」と呼ばれるものが歴史上に実際に存在してきたこととの整合性が、ここで問題となる。村上の答えは、「神秘主義とは、むしろそうした「……主義」として定立されないところのどこかに隠された何ものかの総体」であり、個々の「神秘主義思想」と称されているのは、「神秘主義のごく一部を、ある一定の概念装置に基づいて顕示的な形で明確化し、体系化したもの」にほかならないというものである(同、三六―三七頁)。

上記の引用箇所では、歴史上に存在してきた様々な「神秘主義思想」の出現に共通する「シェーマ」もしくは「基本的な枠組み」に村上は着目していると言えよう。そして、この観点に基づくならば、個々の「神秘主義思想」の出現の条件となる「神秘主義」は、言語による概念化、体系化を経た日常的世界においては、直接的には把握できないことになる。すなわち、ある概念装置によって顕示的に分節化され、明確化された時に、日常性の背後にとどまり続けるものなのである（同、三七頁）。このように言語による分節化が不完全にとどまる「何ものか」を、人間の認識活動に関する記述においてどのように位置づければよいのかということが、同書の結論部分で述べられる。

ここで言いたいのは、人間の存在様式（それは同時に認識様式でもある）として、これまでに書いてきたようなダイナミックスを生む基本的構造があること、そしてそうした基本的構造がそれ本来の機能を発揮するだけの「余地」があること、それらの点を認める、ということがとりも直さず、件の「何ものか」を認めることである、という論点なのである。その意味で、「何ものか」は、むしろ、構造であり、機能であり、かつそれらを可能にする「余地」以外の何ものでもない。（同、七〇頁）

「機能」や「余地」といった、その後の村上の議論のキーワードとなる概念が、ここに既に登場していることに注目すべきだろう。これらの概念を中核とした考察が、「機能的寛容論」へと結実する。

(四) ノモスとカオス

村上によると、言語による分節化という行為は、一つの「選択」でもある。そのことを論じる際に、

「神秘主義」は一種の「集合的無意識」のような性格を有すると、村上は述べている。ただし、集合的無意識といっても、カール・グスタフ・ユング（Carl Gustav Jung）が定義したような、人間以外にまで適用され得るものではないという。それは、「共通的な通底性をもちながら、言い換えれば、最も日常的で、現実的なものでありながら、しかも、それゆえに、それは決して日常的にも現実的にもならない構造をもっている」のであり、「この神秘主義の世界を何らかの形で分節化し、何らかの特定の概念の組を使って顕示的に分節化しようとすれば、〔中略〕それは単に一つの可能性が現実化されたというに過ぎない」（同、四〇―四一頁）。つまり、概念化、もしくは言語化を被ったある部分だけが意識化され、それ以外の部分は潜在的なものとしてとどまり続けるということである。ここで述べられていることと同様の認識は、その後の村上の議論にも確認できる。一例が、一九九八年の著作『安全学』の結論付近での主張である。そこでは、先程見た「唯一解を求めない」ということが、「複数解の容認」あるいは「寛容」と表現され、次のように定義されている。それは、「ある特定の「解」が今選ばれたのは、取り敢えずある特定の価値と視点に重きを置いたからであって、それ以外の可能性を否定し、捨てたわけではない、ということを、常に、強く、認識すること」である（『安全学』二三五頁）。

選択という行為は、歴史をどのように記述するかという問題にも当てはまる。それは、「歴史的な時代や社会を一つのラベルで纏めるということ」であり、そうした歴史の記述方法を欠いた状態で眺められた時代や社会は「多元的なカオス」であるという（『非日常性の意味と構造』四一頁）。ここでは「カオス」という概念に詳細な定義は与えられていないが、やがて寛容論のキーワードの一つとして登場することになる。村上は、これを「アニマ」と表現したこともあった。「個人の内部に「アニマ」(「カオス」と呼んでもよい)がある」のであり、それは「「運動」であり、ダイナミズムである」(『文明の死/文化の再生』四〇頁)[8]。「アニマ」もしくは「カオス」との対比で定義されるのが、「ノモス」という概念である。ノモスとは、「個人の属する共同体の側の塑形化のエネルギーとしての制御力」であり、「それなしでは人間は人間たりえない」(同、四〇—四一頁)。村上は、共同体における主要なノモスとして言語を挙げている。先述した、言語による分節化とは、ノモスの働きにほかならない。そして、言語によって分節化される「何ものか」がカオスである。ただし、分節化された時に「背後にとどまり続けるもの」と村上が表現していたように、カオスの分節化は常に不完全な状態にとどまる。分節化の不完全性ゆえに、ノモスが揺動する、あるいは判断のダイナミズムが生じる余地も存在すると言える。

ノモスとカオスの関係についての議論は、個人の認識と共同体の両方に適用され得るものであると、村上は述べている。「人間の基本構造のなかに、共同体のノモスに順応しようとする傾向と、それから逸脱しようとする傾向がせめぎ合っている」のであり、「共同体内部にも、それ自体を支えてきた伝統的なノモスと、そこから逸脱しようとするエネルギーの双方が、共在する」(同、一二八頁)。そして、個人の認識におけるノモスとカオスの働きと、共同体におけるノモスとカオスの働きは、相互に関係している。その例として村上が繰り返し論じてきたのが、共同体における「アウトサイダー」の位置づけである。「ある共同体のなかで、非同化のヴェクトルの強い個人は、社会的に見れば、いわゆる「周縁」を構成し、ときに「アウトサイダー」になる。この離反は、個人の側から自発的にも、また共同体の側から排除的にも、エネルギーのバランスと破れ目に起こるものである」(『安全学』一二〇頁)。ただし、周縁に位置づけられている限り、その人物は共同体との何らかの接点を持っており、その一員である。それどころか、共同体はアウトサイダーを「排除したり、圧殺したりすることなく、共同体の内部に彼らの存在する場所を造ることによって、彼らのエネルギーを吸収するという方法をとることがある」(同、一二三頁)。

村上によると、芸術家やシャーマンが、その具体例であるという。共同体の側からの働きかけの効果として期待されているのは、アウトサイダーを共同体の内部に吸収することだけではない。一般の人々の中に潜在的にくすぶっている、規範への反抗を芸術活動が代替機能のように引き受けることによって、人々の逸脱のエネルギーをも内部に吸収するという、二重の役割を果たしているのではないかと、村上は考える(同、一二七―一二八頁)。しかし、逸脱のエネルギーの吸収によってノモスの安定性を維持するという戦略は、共同体に一種の不安定性をもたらすものでもある。なぜなら、逸脱した活動が「芸術」の名の下に共同体に認められたとしても、既存の規範や価値の否定の宣言である限り、それらの規範や価値が絶対ではなく変化し得ることをも容認せざるを得ないからである(同、一二八頁)。つまり、ノモスの維持を図ろうとした結果、かえってカオスを活性化させる可能性もあるということである。

(五) 二〇〇〇年代の寛容論

ノモスとカオスの関係という観点から、個人の認識や共同体の在り方を論じた考察が、二〇〇〇年代以降の村上の論考にはより多く見られるようになる。そこでは、ノモスとカオスの関係についての議論の精緻化が図られ、「ノモス」という概念は「認識論的ノモス」と「行動規範的ノモス」の二つに分類される。認識論的ノモスの最も重要な要素は言語であると、村上は論じる。言語の役割とは、「認識の枠組みを作ること」であり、「言葉を学ぶということは、世界をどう見るか、ということを学ぶこと」である。[9] このような言語の習得は、行動規範の形成の過程の一部でもある。行動規範は、言語の習得によってだけでなく、暗々裡に共同体の他のメンバーの行動によって、あるいは躾《しつけ》によっても、個人の中に構築されていく。[10] このようにして、個人は周囲の人々や共同体との関係で自己を形成していく。ここに、自己形成の在り方という論点が現れる。ただし、それはノモスによるカオスの統制が完成されていくという一方向的な過程ではない。カオスはノモスによって完全に制御されることはなく、「カオスはノモスから常にはみ出す「余剰」の部分」であり、その部分こそが「機能的寛容」であると、村上は定義する。[11] これを「機能的」と形容する理由は、次のように述べられている。「このカオスの余剰部分こそ、人間が特定の共同体のノモスに完全に束縛されることなく、他の可能性の存在に理解を示し、あるいは自らのノモス以外のものへ自らを改革し、あるいは、そうした新たなノモスの創造・創出を試みることを保証しているからである[12]」。

『文明の死／文化の再生』においては、「寛容」は個人と共同体の両方に適用され得る概念として、より積極的な定義が与えられている。

第一に、自己が一つの選択肢としての、ある伝統に依拠していることを自覚することができ、それに基づいて、第二には、伝統に関して他の選択肢の可能性を認め、かつそれに依拠する他者の存在を認め、また、その可能性を自ら検討できる、という二つの能力を有するとき、その個人、あるいは共同体は、「寛容」であると定義できる。(『文明の死/文化の再生』一五頁)

この定義は、村上の教養論の基本的な視座でもある。二〇〇四年の著作『やりなおし教養講座』では、自己形成という課題が同様の問題意識に基づいて記述されている。「自分というものを固定化するのではなく、むしろいつも「開かれて」いて、それを「自分」であると見なす作業、そういう意味での造り上げる行為は実は永遠に、死ぬまで続く」(『やりなおし教養講座』一六八頁)。そして、「開かれている」ということは、異文化間コミュニケーションにおいても重要な論点であるとされる。「カルチャー・ショックとは、自分の属する文化とは異なる、「別」の文化の制御力があることに気付くことではない。むしろ自分がある特定の制御力の影響下にあって、ある特定の平衡点に安定していたことを発見することにあるのではないか」(『文明の死/文化の再生』九六頁)。こうした視点からの考察は、一九八〇年代前半に執筆された「自己の解体と変革」「現代教養考」といった論考(いずれも『歴史としての科学』所収)に既に見られる。(13) これらの論考で展開されていた主張の論点が、「寛容」をキーワードとしてより明確化されたことに、二〇〇〇年代の村上の議論の特徴の一つがあると言えるだろう。

この時期、村上は国際基督教大学の二一世紀COEプログラム「『平和・安全・共生』研究教育の形成と展開」において、拠点リーダーを務めていた。「平和」「安全」「共生」という三つの概念によって示されている価値の追求は常に両立するとは限らず、むしろそれらの間でトレード・オフが生じることさえある。この点について、村上は主にマイケル・ウォルツァー（Michael Walzer）の議論に依拠しつつ、過去から現代に至るいくつかの事例を挙げて論じている。そして、「これら三つの概念、もしくは価値に通底するような何かを取り上げ、それを追求する」ことによって、「三者の間に介在する軋轢や緊張を、完全に解消することはできないかもしれないが、少なくともある程度緩和し減少させること」が目指される。[14]その方途を論じるための理論として、寛容論が位置づけられた。それは、「徳としての寛容ではない」とされており、あくまでも機能的な概念として「寛容」が論じられている。[15]このような寛容論は、平和、安全、共生という三つの主題に関わる諸理論が、相互に矛盾や葛藤を抱えながらも、どうにか機能し得る条件を示すもの、諸理論に基づく議論が展開される際に常に念頭に置かれるべきものである。二一世紀ＣＯＥプログラムの拠点サブ・リーダーを務めた千葉眞の表現を借りれば、それは平和、安全、共生に関わる諸理論の「メタ理論」であり、「オーケストラ演奏において繰り返し奏でられる Basso Ostinato（通奏低音、執拗低音）」である。[16]

メタ理論としての寛容論という位置づけは、上記の研究に先立って一九九〇年代に展開された、「安全学」において既に示されていた。「安全管理技術という概念を大幅に拡張したとしても、なお、そこからこぼれるものを、安全学は拾い上げる」（『安全学』二一六頁）。ここで村上は、自身が構想する「安全学」は、従来の「安全工学」とは必ずしも重ならない部分があると考えている。安全工学では、「安全な状態」が量化された基準によって定義されるが、「問題は、望むべき「安全な状態」そのものに価値的なずれや齟齬が生じている場合なのである」（同、二二三頁）。そうした場合、特定の基準のみを前提とした工学的な解決は必ずしも有効ではないかもしれない。それゆえ、「ユニーク・ソリューションを求めることを諦める」ということ、すなわち「寛容」が必要になると、村上は説く(同、二三八頁)。つまり、安全学の主題は、安全工学において提示される基準によっては解決が困難な場合に、どのような方途があり得るのかということである。その意味で、安全学については、「それを一つの科学の領域として扱うよりは、「メタ科学」あるいは「メタ学問」として見なす方が妥当であると考える」と村上は主張する(同、二四四頁)。

(六) 寛容論の新展開

二〇一〇年代の後半以降、安楽死、原子力発電技術、COVID-19をはじめとする様々な社会問題について論じる中で、村上は繰り返し「寛容」の必要性を説くようになる。ここでそれらの問題に関わる個別の論点の詳細に触れることはできないが、従来の寛容論と比較して、大きな変更点を確認できる。それは、一九九四年の『文明のなかの科学』以来、議論の背景に退いていた道徳的な価値としての「寛容」についての主張が、当時とは異なる形で再び前面化したということである。そのことは、例えば安楽死に関する以下の主張において確認できる。

> 社会がこの問題に関して、画一的な立場、ユニーク・ソリューションの存在を主張するような硬直性に陥らない、ということだけは、切にのぞんでおきたいと思います。「寛容」、この二字に含まれている価値観が、社会のなかに根付き、それが実際に効果を発揮する、それが、本書で、自

身残された時間の少ない私が、読者の皆様に訴えたいメッセージです。(『死ねない時代の哲学』二二六頁)

社会が硬直性に陥らないために、すなわちダイナミズムを維持するために必要なのは、「寛容」という「価値観」であると、村上は説明している。また、以下のように、「寛容」という表現は登場しないが、それに相当する提案が「信条」という言葉を用いてなされている論考もある。「一つの解を導いたとしても、それが決定的な解だとはせず、常に「もっと他のようである」かもしれない、という可能性に目を配ること、これを信条にしてみては、というのが私の提案なのである」(『〈死〉の臨床学』二一〇―二一一頁)。さらに別の機会には、村上は「寛容」を「ルール」として提唱した。「私は、「寛容」の一つの定義として、人間が判断し行動するとき、「ベター」と思われる選択肢を探すべきであって、「ベスト」を求めるべきではない、というルールを認めることである、と書いておきたい[17]」。「寛容」という概念を「価値観」「信条」「ルール」として論じる時、村上はそれを再びキリスト教的な「徳」として位置づけているのだろうか。おそらく、そうではないだろう。

ヨーロッパにおいては、寛容の概念の最も基本的なところは「宗教的寛容」と言って、宗派や宗教の違いによる価値観の違いを排除するのではなく、それを認める余裕を自分の中にきちんと準備しましょうということです。概念というより、むしろ理念といった方がいいのかもしれませんが、宗教だけでなく、日常的にも、われわれにとって今一番大事なものではないのでしょうか[18]。

宗教との関連で「寛容」という概念が論じられているが、東日本大震災やCOVID-19を主題に、日本社会のあるべき方向性を語る中での発言であることから判断しても、村上がキリスト教の「徳」として「寛容」を定義しているとは考えがたい。むしろ、社会の日常において、機能的寛容が発揮される状況を作り出そうということが、「理念」として掲げられていると解釈すべきであろう。このような主張がなされた背景にあるのは、機能的寛容が社会の様々な場面で発揮される必要があるのではないかという認識である。安楽死の問題をはじめとして、日本社会に特徴的な「曖昧さ」によって議論を交わさずに、暗々裡の処理で済ませているだけでは片づかない状況になっていると、村上は述べている（『〈死〉の臨床学』二一七―二一八頁）。また、短期間のうちに状況が大きく変わる現代社会では、従来の諸前提の維持や、それに基づく解決法が必ずしも有効ではないということを指摘している。そこで、一般の法律やルール、習慣では容認されていないような状況を、ある特定の区域内で行う「特区制度」のような社会実験の意義を村上は論じる。

一般には認められていないことを、試しにやってみる、うまくいけば、一般の方を変える可能性が出てくる。つまりその方が「ベター」だったことになる。そうでなくとも、ある特定の状況下には、一般、普遍と信じられていることが、必ずしもベストではない、ということの理解が深まることにもなろう。（同、二一二頁）

ただし、村上も言及しているように、社会実験を行うことに対しては、その是非が問われる場面も多いだろう。また、社会実験のような特殊な環境下での営みを通じて機能的寛容についての理解を深める機会を提供することは、現状を改めるための「ベター」な戦略になり得たとしても、それらの可能性を追求するだけでよいのだろうか。機能的寛容が発揮されること自体は望ましいとしても、そのような状況の創出を試みる過程で、あわせて考えなければならない論点があるのではないだろうか。この問いをめぐって、いかなる議論の展開が可能なのかということを、以下において論じる。

三　寛容論の前提を問い直す

(一) 二つのディーセンシー

村上の寛容論が現状の変革に向けて効力を発揮し得るためには、問いをさらに深めなければならない点や、批判的な再検討を要する点がある。これらの作業に着手する際に注目すべき論点の一つは、「ディーセンシー」という概念と寛容論との関係である。「時と場所、あるいは身分に、一応適している」「人並な」「世間の常識から見てあまり非難される余地のない」といった意味がこの言葉の原意であり、そこから「礼儀正しい」「上品な」「慎み深い」といった意味が派生したと、村上は説明している(『安全学』五三頁)。近代文明は、近代以前の価値観やそれと結びついた道徳を否定した。それはディーセンシーの否定にほかならず、その結果として人間の欲望が解放されたと、村上は論じる。次々に新たに開発される技術に対する「自然でない」「神の領域を犯す」といった感覚は、一種のディーセンシーの現れであり、「社会の近代的な部分は、そうした「ディーセンシー」を、非科学的として斥け、「技術的にできることは、すべてなすべきである」と主張する」（同、五八―五九頁）。

このような観点から見た場合、「「自然」であることは、「人間性」の解放と敵対する」のであり、「近代化社会、文明化された社会は、制限を外され、たがを失い、分を持たない、ひたすら膨張する「人間」的欲望とともに、疾駆する。「ディーセンシー」の入る余地がどこにあるだろうか」（同、五九頁）。世俗化を経た現代においては、前近代的な価値観や宗教が社会に及ぼす影響力は限られているのであり、ディーセンシーを再構築するための基盤にはなりがたい。そうであるならば、「人間を、その最も「人間的」なものから解放してくれるのは何なのか」、「人間は理性と悟性の働きだけで、宗教に代わるような働きを持つ新しい「倫理学」を構築できるだろうか」という問いが現れる（同、六〇頁）。この問いに対する暫定的な回答を、村上は次のように記している。

> われわれが制御すべき当面の相手が、実際にわれわれの生存を脅かしているものが、われわれの解放された欲望の生産物であることを、十分切実に納得したときに、われわれは、賢明に行動することができるのではなかろうか。せめて、そこに新しい「ディーセンシー」の誕生の場を期待できるのではないか。（同、六一頁）

村上は東日本大震災の発生以降、原子力発電所の再稼働を容認する立場を表明してきた。それに対して、成定薫は上述のディーセンシーに関する村上の主張への賛意を示しつつ、原発再稼働をめぐる一連の発言を批判した。安全に重きを置き、新しいディーセンシーの誕生に期待する村上は、「原発再稼働を合理的と言い立てるのではなく、「核と人類は共存できない」と言うべきではないだろうか」[19]。これに対する村上の回答には、欲望の解放という論点への直接的な言及はない。「一般の論調が、ある方向に圧倒的に傾いているとき、カウンターバランスをとる方向に自らを置きたい、という思いが私を引っ張るのである」、「何らかの合理的なカウンターバランスの言説はあり得ないものか、それを探り当てることが、私の基本的な意図になった」と述べている[20]。

両者の議論はすれ違っているような印象を受けるが、その一因は「ディーセンシー」という概念の定義と、それが論じられる文脈にあるのではないかと考える。原発再稼働論を批判した成定への回答の最後に、村上は次のように記している。「廃絶するにしても、存続するにしても、考慮しなければならない要素がこれだけある、ということを、地道に探り尽くしながら、検討を重ねる、という作業こそが、いま求められていると信じる」[21]。ここで述べられていることは、唯一解の断念に相当するものである。そして、村上は「ディーセンシー」という概念を『安全学』で詳しく論じるに先立って、『文明のなかの科学』の末尾で、この概念に別の定義を与えていた。そこには「ディーセンシー」という片仮名表記は登場しないが、「謙遜」という表現が用いられていた。「「寛容」はまた「謙遜」にも繋がる。なぜならそれは、人間があらゆる条件を考慮に入れた上での「最上の」解決を求めることなどできないということの容認でもあるからである」(『文明のなかの科学』二四四頁)。これは、『安全学』での「ディーセンシー」に関する議論とは文脈が異なり、機能的寛容に関わるものである。『安全学』で論じられている事柄を「道徳的ディーセンシー」と呼ぶとすれば、『文明のなかの科学』における「謙遜」は、「機能的ディーセンシー」と表現できるだろう。

村上自身は「道徳的ディーセンシー」や「機能的ディーセンシー」といった表現を用いていないが、また、自身が論じる「ディーセンシー」という概念には上記の二つの定義が存在することを明言したことはないが、これらを区別することは重要であろう。成定が「道徳的ディーセンシー」の観点から村上の原発再稼働論を批判したのに対し、村上は「機能的ディーセンシー」の観点から応答したことで、結果として両者の議論はすれ違っているのではないだろうか。

(二) 制御の対象

上記の二つのディーセンシーは、どのような関係にあるのだろうか。この点を問うために、成定による批判への村上の応答を、より詳しく見てみたい。原発再稼働を主張する村上の言説は、『安全学』[22]においてディーセンシーの大切さを説いた際の主張と相容れないのではないかと、成定は述べている。これに対する村上の応答を要約すれば、以下のように表現できるだろう。[23]第一に、以前の論考には現代における科学の在り方を絶対視する姿勢を批判し、オルタナティヴを模索するという方法論を掲げたものが多かったのは事実であるが、この方法論に対する自身の信頼は今も変わりない。第二に、自然科学への愛が自身の根幹にあり、科学批判はそこから生まれても、「反科学」を表明したことは一度もない。本稿においてこれらの二つの点について包括的に検討する余裕はないので、村上が人間と自然とのあるべき関係について、どのように主張してきたのか、そしてその主張には何らかの変化が見られるのかということに限定して、以下において確認する。

人間と自然との関係についての村上の問いは、初期の研究にまで遡ることができるのであり、そこでは科学史の観点を中心に議論が展開された。村上によると、ヨーロッパの伝統的な自然観とは、「人間と自然の「対決」を通じて、人間を含めた自然を、人間の対置物としてみずからの前に置き、その対象化された自然を、人間理性を基盤に把握し、かつ人間の手を使って支配することである」(『西欧近代科学』三〇六頁)。このような自然観に基づいて展開されてきた近代以降の科学とその在り方を自明視することを、村上は強く批判する。一方で、「自然との闘いのなかで、人類が成就してきた支配力は、人類の歴史の最も誇るべき遺産であり、その効用は否定できるものでもない」、「公害の問題が暴露したのは、人間の自然支配という西欧近代科学技術の本質のもつ難点ではなく、むしろ、そうした人間の自然支配が完遂されていないことが気づかれていなかった、という点なのではあるまいか」と論じている(同、三一六―三一七頁)。

このような主張からも、村上が科学技術そのものを否定していないことは明らかである。[24] ただし、科学技術が示した具体的な支配方法の一つ一つが全て正しいと認めようとするのではないのであり、「自然の人為支配の理念そのものを認めることと、その方法を認めることとは、まったく別のことがらに属する」(同、三一七頁)。これに続いて、結語として、原発再稼働論を批判した成定への応答の趣旨と重なる記述が登場する。

われわれは、「ユニーク」な道程にこだわることなく、自然の人為的支配のために、あらゆる可能性を試みることができるし、またしなければならないのである。〔中略〕西欧近代科学技術のモティーフ自体を否定することなく、しかも、その達成し得た理論的、実際的成果をユニークなものとすることなく、われわれの前途を切り拓いていく地点に、われわれはまさに立っているのではないであろうか。(同、三二七―三二八頁)

一九七一年に『西欧近代科学』を執筆した時点で、村上は既に「唯一解の断念」という論点を掲げていたのであり、そこでは道徳的な論点だけでなく機能的な論点も示されていたと言えよう。それから二〇年以上が経過した一九九八年、村上は次のように述べている。「「文明化」すべき相手は、もはや「自然」だけではない、「自然プラス人間」、「自然プラス人工物」である、という新しい「文明」の理念が、どうしても必要となる」(『安全学』四二頁)。科学技術や、その力を用いて発展してきた近代文明そのものを直ちに否定するのではなく、むしろ人為によって自然及び人工物を積極的に制御していくことの必要性を、村上は説く。一方で、欲望の解放という論点との関連で、以下の記述が見られる。「自然プラス人工物」の制御が必要になった状況を生み出した「根源」とは、「人間の解放された欲望、快適性や利便性や経済性を、ひいては自らの幸福を追い求めて止まない、飽くなき人間の欲望である」(同、四二頁)。これらの主張から、少なくとも村上自身の認識では、「道徳的ディーセンシー」の再構築の可能性を模索することと、科学技術による自然や人工物の積極的な制御という課題は、相容れないものとは見なされていないことが分かる。そして、科学技術によって自然や人工物を制御するための実践において、「機能的ディーセンシー」が要請されるという論理構成となっている。原発再稼働論の背景にあるのも、このような認識と論理であろう。

（三）ＬＣＳの実践に伴う困難

では、上記のような諸前提に基づく村上の原発再稼働論に問題はないのか。その議論は多岐にわたるため、本稿で網羅的に検討することは不可能であり、寛容論と関連性の深い論点に絞って考察する。その出発点において確認しておかなければならないのは、様々な価値や利害の間でのトレード・オフが生じる問題への取り組みにおいて、「唯一解の断念」を具体的に実践するための方法論として村上が提唱する、「ＬＣＳ（Less Conflictual Solutions）」である。これは、「唯一解（the unique solution）」に対置され、「お互いに、今選ばれる解決が最終的なものではなく、当面価値の衝突が「比較的少ない」と思われるものでしかないことを了解し合う、そして、その解決なるものはいつでも、別の「もっと衝突の少ない」と思われるものに、乗り換えられる余地を残していることを容認し合う」というものである（『安全学』二三八頁）。村上がＬＣＳを提唱した背景にあるのが、「機能的ディーセンシー」についての問いにほかならない。「機能的ディーセンシー」の別名である「謙遜」を論じた先の引用箇所の直前において、村上は普遍主義と多元主義の対立とそれに伴う判断のダイナミズムの硬直化への処方箋を、次のように示している。

すべての価値を考慮した判断や、あらゆる要求を前提とした判断は不可能である。われわれはつねにそれらの特定の価値の一つ一つから後退し、あるいは幾つかの（すべての、ではなく）価値の間を動きながら、その限りでの「相互により摩擦の少ないと思われる」解を、暫定的に採用する他はない、というのが、この戦略の背後にある前提である。（『文明のなかの科学』二四三―二四

四頁)

唯一絶対の解決策というものを想定し得ないならば、ある解決策を暫定的に採用し、それ以降もより望ましい解決策を探り続けるしかない。そのことを認めたとしても、なお問わなければならないことがある。それは、LCSは基本的に、意思決定の場面に加わることのできる人々を前提にしなければ成り立たない方法論であり、その適用が困難な場合についても視野に入れておかなければならないのではないかということである。この論点は、村上の議論そのものからも引き出すことができる。様々な価値や利害の間でのトレード・オフが生じる場面の最たるものとして、環境倫理学における「世代間倫理」の問題を村上は挙げている。それは、「真正の価値のコンフリクト」であり、「今は全く存在しない人々の「安全」に対しても、われわれは倫理的責任を負うべきかどうか」という問題である(『安全学』二二七―二二八頁)。

この問題に対して、LCSの観点からどのような解決があり得るのかということを村上は明言していないが、そもそも未だ存在していない人々は現在世代との間での意思決定に関わることができない。現在世代に可能なのは、未来世代の利害を想定して、何らかの意思決定を下すことに限られる。現在世代と未来世代との間での摩擦は、現在世代が一方的に想定して対処するものにほかならず、相互の間での「より摩擦の少ない解を選ぶ」というLCSの方法論を厳密に適用することは困難であろう。この問題へのLCSの適用が「未来世代になるべく負荷をかけない」ということを意味するのであれば、現在世代の利益のために様々なリスクを、場合によっては壊滅的な被害を未来世代にもたらす可能性のある原発について、村上はそれを正当化し得る論拠をＬＣＳの観点からどのように提起できるのだろうか。原発に関する村上の主張が、現在世代の間での合意形成に話を限定したものであるならば、ＬＣＳを用いた議論が可能であるかもしれない。しかし、安全学が取り組まなければならない価値や利害のトレード・オフの最たる事例として世代間倫理が掲げられている以上、現在世代に閉じた議論であってはならないということになる。

意思決定への参加をめぐるＬＣＳの問題は、ニクラス・ルーマン（Niklas Luhmann）の議論を参照することで、論点がより明確になる。ルーマンは、「リスク」と「危険」を区別する。「リスクという語が用いられるのは、将来生じる何らかの損害が、自身の決定に帰される場合」であり、「それに対して危険において問題となるのは、外から来る損害である」[25]。そして、ある出来事を「リスク」として認知する者を「決定者」、「危険」として認知する者を「被影響者」とルーマンは呼ぶ。「決定者と被影響者との間のコンフリクトにおいては、リスク状況についての定量的な分析は役に立たない」のであり、「こうした計算では、ほとんど誰も納得しないだろう。というのは、一方のケースでは問題がカタストロフィとして知覚されており、他方の場合にはそうではないからである」[26]。このような場合、「決定者」と「被影響者」の間で共通の尺度を見出し得ないばかりか、両者の間での合意形成そのものが成り立ちがたいゆえ、「より摩擦の少ないと思われる解」を探ることのできる可能性は限りなく低い。この困難に対する処方箋を、ＬＣＳは提起し得ていない。もちろん、ＬＣＳ自体「ベスト」な方法論ではなく、常に「ベター」な試みにとどまるものであることは言うまでもない。しかし、ルーマンが指摘するような論点が、これまでの村上の議論においては言及されていないために、ＬＣ

Sが抱える困難の一つとして明示化されてこなかったことは問題であると考える。

（四）機能的寛容論の拡張

日本のエネルギー問題に取り組む際に、原発の再稼働が妥当であると村上が主張する理由としては、主に以下の点が挙げられている。温室ガス排出についての優位性、高齢化が一層進む状況で停電は社会に深刻な事態をもたらし得ること、電力需要が高まる時期に備えてエネルギー源に冗長性を持たせるべきであること、原発を廃止するとしても廃炉作業や核廃棄物の処理に必要な技術の継承や人材の育成が必要であることなどである。[27] これらの論点の正否を個別に問うことも重要であるが、ここでは寛容論との関連において村上の主張を検討してみたい。

村上によると、上記のような理由から、原発の再稼働の可能性を検討しないことは合理的ではないという。しかし、原発の問題に限らず、社会における様々な意思決定は合理性のみを尺度として行われているわけではない。例えば、合理的基準だけでなく、「同じ仲間である」という「連帯の基準」が意思決定の場面で重要な役割を果たすこともある。[28] さらには、意思決定の当事者たちが、自らの依拠した基準について必ずしも自覚していないことさえある。その意味で、合理性の有無だけで評価しようとするならば、問題の全体像を捉えそこなうことになりかねない。もちろん、非合理な側面を安易に肯定すべきではないことは確かである。「原子力ムラ」という表現に象徴されるように、原発に関わる利権や癒着を背景とする意思決定の構造は、非合理性の典型とも言えるものである。エネルギー政策の在り方や、発電施設の安全性および耐用性などをめぐって、合理性に基づく議論を実現させなければならない場面は多い。一方で、様々なリスクとの関連で原発の妥当性を検討することによって合理性の有無を語る際に、数量的なリスク評価になじまない要素が議論から抜け落ちてしまうこともあるという点には、留意が必要である。

その一つが、村上が原発再稼働論を掲げるきっかけにもなった東日本大震災において、自らの意思に反して被爆のリスクや日常生活の困難を抱えることになった人々、避難を余儀なくされた人々の声や思いである。そうした人々が、「自らの声が届かない」という切実な思いを抱く時、その人々は自身を「決定者」から排除された「被影響者」と位置づけている。このように意思決定から実質的に排除されてしまっている人々の声や思いを視野に入れようとすることは、数量的なリスク評価になじまないものを特権化したり、それらを無批判に受け入れたりすることを意味するのではない。むしろ、ここで必要なのは、「排除」の問題を寛容論の観点から問うことである。合理性の有無という評価基準のみによって原発問題を語ることは、そのパースペクティヴに収まらないものをあらかじめ排除し、その排除の作用と効果自体も不可視なものにするという点で、そして、その結果として、そうした作用や効果についての反省的な視点とそれを獲得する機会自体も除外されるという点で、機能的に不寛容であると言えるのではないだろうか。[29] こうした問題との関連で目を向けたいのは、意思決定への「参加」の重要性を村上が強調していることである。

単に、自己責任という言葉で、責任の分担をさせられるという消極的で受身の姿勢ではなく、個人の様々な願いや思いを、現実の社会構築に直接に反映させていくという積極的な姿勢が必要になってくる。そうした場合に、自立した個人が、孤立することなく、願いや思いを共有する他の個人と連携するために、組織を造ることこそ大切だろう。この組織は、個人が「帰属」するものではなく、「参加」し「参画」するものであるはずだ。（『科学の現在を問う』四〇頁）

原則として誰に対しても参加の機会が開かれているような状況下では、「排除」の作用や効果を問わなくても、不都合は生じないかもしれない。しかし、そのような理想的な状況は稀であろう。誰もが自由に参加できるわけではないとすれば、つまり、個人が「様々な願いや思い」を届けようとしてもそれが必ずしも実現し得ないとすれば、参加や連携を主張するだけでは不十分である。もちろん、そのように論じることは、各々の積極的な参加や連携の可能性や、それについての村上の主張を否定するものではない。その一方で、参加や連携が実際には実現しない場合があること、それどころか、それらが実現したとしても、問題の解消を意味するわけではないことも確かであろう。「構造的に再生産されている決定者と被影響者との不一致に問題があるのならば、参加という処方箋はこの問題を否認する結果になるか、よくても問題を先延ばしして時間稼ぎするという結果になる」と、ルーマンは述べている。[30] 参加を通じた意思決定がなされたとしても、そして、その結果として、それまで「被影響者」だった人々の願いや思いが意思決定に反映されたとしても、なお「被影響者」にとどまる人々が存在するとすれば、それは問題の解決であるとは言えない。それゆえ、ある時点での意思決定において「被影響者」にとどまる人々が存在することを自覚するとともに、そのような現状が常に問い直される「余地」を残しておくことが必要であろう。このような形で、村上の機能的寛容論を拡張することを提唱したい。

四　村上の科学論の「継承」とその条件

本稿では、村上の寛容論の展開の過程を辿るとともに、それが抱える困難や問題点を検討してきた。そして、社会の不確実性が増大し、様々な場面で判断のダイナミズムが失われている現代社会において、機能的寛容論の有する意義や、そのさらなる展開がどのように可能であり得るかということを考察した。ただし、ここまでの記述において未だ触れることのできていない問いが残されており、最後にその点に言及しておきたい。それは、村上の科学論全般と寛容論は、どのような関係にあるのかということである。先述のように、村上は『文明のなかの科学』において寛容論を扱う際に、その原型に当たる議論として、一九八四年の『非日常性の意味と構造』での考察を挙げていた。しかし、「寛容」についての村上の問題意識は、それ以前の研究にまで遡って確認することができる。一九七一年の著作『西欧近代科学』の序章では、同書で示される研究成果の根本にある問いがどのようなものであるのかということを、村上は記している。近代科学の描く世界は「一つの枠組み」であり、「他にも選択肢があり得たし、あり得るであろう」と言えるにもかかわらず、それを普遍的なものと見なすという自明性が支配している歴史認識においては、近代科学の枠組みを「「選択」とは受け取らず、「必然」と受け取ってきた」という(『西欧近代科学』一四頁)。そして、次のような主張がなされる。

われわれのもつ自然科学体系が、「自然科学」としても、いくつかの可能性のなかからの一つの選択であって、「必然」ではない、という主張は、在来のドグマの打破のためには、強調しすぎることはないし、また、そうした認識の上に立ってこそ、近代＝現代自然科学体系が、いかなる枠組み、鋳型を使って組み立てられているか、その価値の基準の分析も可能となり、またその分析を通じて、ほかに、どのような選択肢があり得るかについてのいくばくかの見透しを与えること〔中略〕に、わずかながら突破口を見出し得る期待も生まれるのである。（同、一四―一五頁）

ここで述べられていることは、現状において支配的な枠組みを、普遍的な唯一解と見なすことへの批判であり、それを「一つの選択」として相対化し、他の選択肢を選び得る「余地」を探るという、機能的寛容論にほかならない。上記の引用では「寛容」という表現こそ用いられていないが、寛容論につながる村上の問題意識は、この時点で既に明確な形をとっている。その意味で、「機能的寛容」は村上の初期の研究から根幹に位置し続けている、「理念」そのものであると考えられる。千葉眞の表現を再び借りるならば、機能的寛容論は、様々な領域を対象として展開されてきた村上の科学論の「メタ理論」であり、「通奏低音」なのである。そうであるならば、村上が最近の論考において、機能的寛容を社会において共有されるべき「理念」として位置づけたことは、村上が初期の研究から半世紀以上にわたって一貫して持ち続けてきた問題意識が、より深化したことの一つの表れであると捉えることができるかもしれない。

以上のように、寛容論が村上の研究活動の核心に存在するものであるとすれば、村上の研究を何らかの形で継承しようとする時に、寛容論は避けることのできない問いである。寛容論を抜きにしては、村上の科学論の「継承」は決してあり得ないはずである。また、村上の科学論の「継承」とは、村上の主張を無批判に継承することではなく、その諸前提を問い直し、批判的に再検討するという作業を伴うものでなければならない。すなわち、現時点での寛容論それ自体をも「一つの選択」として不断に相対化し、その理論構想を「ベター」なものへと変革し得る余地を常に残しておくという実践の継続が求められる。本稿は、そうした実践の一つの試みであり、寛容論を基軸として村上の研究を批判的に継承することについての、筆者なりの覚悟の表明でもある。

注

(1) 村上陽一郎「文明の構造とキリスト教」富坂キリスト教センター編『エコロジーとキリスト教』新教出版社、一九九三年、一〇三頁。
(2) 同、一〇四頁。
(3) 同。
(4) 同。
(5) 村上陽一郎「地球家政学の構想」田浦俊春・小山照夫・伊藤公俊編『技術知の射程——人工物と環境』東京大学出版会、一九九七年、一二四頁。
(6) 村上陽一郎「地球家政学の提唱」『東洋学術研究』第一三二号、一九九三年、三二一—三三三頁。
(7) 村上も指摘しているように、もし知識体系の交代に共通する普遍的な要因の存在を肯定するならば、知識の歴史をそれらの共通性の上に展開される連続的なものと認めることになるだろう(『非日常性の意味と構造』六八頁）。なお、「知識体系の交代にある程度共通する変化のパターン」という表現は筆者の独創ではなく、村上が『日本人と近代科学』で展開した議論に着想を得たものである。同書において村上は、「和魂ｘ才」という概念を提唱した。日本社会は、繰り返し様々な外来文化を摂取してきた。そうした営みに共通しているのは、不変の「和魂」なるものが存在すると言い立てながら、「和魂ｘ才」という形で外来文化を平然と取り入れるというパターンであると、村上は論じる（『日本人と近代科学』二一九頁）。「ｘ」の部分には何でも入れることが可能なのであり、このようにして外来文化を取り入れるパターンの共通性こそが、まさに「日本的」なのであるという。この説においては、実体的な「和魂」や、それぞれの外来文化の摂取を可能にした共通の要因といった、時代や場所に関係なく当てはまるとされる普遍的なものによる説明を退けているという点で、『非日常性の意味と構造』と同様の問題意識をそこに読みとることができるのではないだろうか。

（8）『文明の死／文化の再生』第二章「揺動的平衡というヴィジョン」からの引用であるが、この論考の初出は以下の通りである。原題「文明の死　文化の再生」市川浩ほか編『現代哲学の冒険（一）　死』岩波書店、一九九一年。

（9）村上陽一郎「芸術の起源と機能的寛容」村上陽一郎・千葉眞編『平和と和解のグランドデザイン――東アジアにおける共生を求めて』ＩＣＵ二一世紀ＣＯＥシリーズ一〇、風行社、二〇〇九年、一八―一九頁。

（10）同、一九頁。

（11）同、二〇頁。

（12）同。

（13）例えば、「自己の解体と変革」には、異文化との接触に関する以下のような記述がある。「当然の前提として自分がその上に載っていながら、それがあまりにも当然の前提であるがゆえに、それを対自的に取り出して検討してみることさえ、全くなし得なかったものに、それとは全く違った前提に立っている存在との接触を通じて、初めて気付かされる」(『歴史としての科学』五二―五三頁)。「相手の文化的コードを姿見とし、それに自らの文化的コードを映してみることによって、われわれは、自己を発見し、自己を解体し、新たな自己とその共同体を目指すための材料を得るのでもある」(同、五三頁)。また、「現代教養考」では、「教養」という概念を次のように定義している。「自己の破壊と再構築の不断のサイクルを繰り返すことのなかにこそ、真の「自己構築」はある。とすれば「教養」は、既製の知識を呑み込んで蓄積することとは、およそ相容れないものであることに気付かれよう」(同、一八五頁)。

(14) 村上陽一郎「寛容を巡って」植田隆子・町野朔編『平和のグランドセオリー序説』ICU二一世紀COEシリーズ一、風行社、二〇〇七年、一〇頁。

(15) 同。

(16) 千葉眞「あとがき」、村上陽一郎・千葉眞編『平和と和解のグランドデザイン――東アジアにおける共生を求めて』ICU二一世紀COEシリーズ一〇、風行社、二〇〇九年、三二〇頁。

(17) 村上陽一郎「COVID-19から学べること」村上陽一郎編『コロナ後の世界を生きる――私たちの提言』岩波新書、二〇二〇年、六七―六八頁。

(18) 「三・一一とコロナ(中)科学史家・村上陽一郎さん」『東京新聞』二〇二一年三月四日。

(19) 成定薫「村上陽一郎における総合科学と安全学」柿原泰・加藤茂生・川田勝編『村上陽一郎の科学論――批判と応答』新曜社、二〇一六年、一一〇頁。

(20) 村上陽一郎「批判に応えて」柿原泰・加藤茂生・川田勝編『村上陽一郎の科学論――批判と応答』新曜社、二〇一六年、四〇七―四〇八頁。

(21) 同、四〇九頁。

(22) 成定「村上陽一郎における総合科学と安全学」一一〇頁。

(23) 村上「批判に応えて」四〇六―四〇七頁。

(24) 同様の主張は、その後も繰り返しなされている。例えば、一九八〇年代には、以下のような記述が見られる。「われわれはむしろ今日、人間の理性と意志によって、われわれの目的に向って自然を強力に支配するという西欧流の考え方を、もう一度――というよりもわれわれはこれまでに実は一度もそれを血肉化したことがなかったのだが――積極的に検討してみる必要があるのではないかとさえ思う」(『近代科学を超えて』講談社学術文庫版、二二〇頁)。

(25) Niklas Luhmann, *Soziologie des Risikos* (Walter de Gruyter, 2003), S. 350.(『リスクの社会学』小松丈晃訳、新泉社、二〇一四年、二八四頁)

(26) Ebd., S. 158-159.(邦訳一七三頁)

(27) ここに記したのは、以下の論考の内容の要約である。『移りゆく社会に抗して』九七頁。村上陽一郎「感染症戦線と「三・一一」後の原子力――宗教なき時代の科学・技術」『中央公論』第一三五巻第三号、二〇二一年、三一―三五頁。

(28) 桜井厚「生活世界と産業主義システム」鳥越皓之編『環境問題の社会理論――生活環境主義の立場から』御茶の水書房、一九八九年、八〇頁。

(29) 特定のパースペクティヴが採用されることに伴う「排除」の問題は、当然のことながら、原発再稼働論だけでなく、それを否定する立場としての原発廃止論の言説にも当てはまるだろう。東日本大震災の後、原発を完全に否定することに反発する人々もいたが、そうした人々は発言の機会を望んでも与えられずに沈黙を守ったと、村上は述べている(「批判に応えて」四〇八頁)。しかし、被爆のリスクや避難を強いられた人々が被る「排除」は、原発事故によって日常生活や人生に関わる多大な困難を強いられた状況下で、自分たちの声や思いが届かないという、より深刻なものである。もし両者を同列に語るとすれば、「排除」の問題を矮小化することになるだろう。

(30) Luhmann, *Soziologie des Risikos*, S. 163.(『リスクの社会学』一七八頁)

背中を見て学んだこと——教養論の実践とＳＴＳの責務

藤垣裕子

本稿は村上陽一郎の教養論について書き留めることを目的としている。彼の教養論は、実はＳＴＳ（科学技術社会論）の責務の話と分かちがたく結びついている。まず村上の学問論・教養論を紹介し、そのうえで、教養論の実践としての村上のいくつかの活動を紹介する。

一　教養あるいはリベラルアーツとは何か

「教養」を『広辞苑』（第五版、一九九八年）で引くと、「①教え育てること、②単なる学殖・多識とは異なり、一定の文化理想を体得し、それによって個人が身につけた創造的な理解力や知識。その内容は時代や民族の文化理念の変遷に応じて異なる」とある。そして、②の説明のところで、英語で「culture」、ドイツ語で「Bildung」と書いてある。「culture」という語は日本語では「文化」と「教養」の二つに訳し分けられている。語源辞典を引くと、「culture」は「耕す」を意味するラテン語「colere」に由来し、もともと土地を耕す意味だったのが、転じてこころを耕すという意味で使われるようになったといわれる。「文化」も「教養」もこころを耕すという意味では共通している。

大学教育でいえば、専門を学ぶ前に耕すのが大学一、二年生の教養教育であり、これから学ぶ学問のための土台、真理探究の精神を耕すことになる。[1]それに対して専門家のための教養とは、専門を学んだ後に耕すことになる。専門分野を再考し、ほかの分野や他者に関心を持ち、知のプロフェッショナルとして柔軟かつ責任ある思考ができる素地を養うということになる。[2]

教養を論じるときに避けて通れない概念として、少なくとも以下の三つがある。ひとつは古代ギリシャを源流とするラテン語のアルテス・リベラーレス（英訳はリベラルアーツ）を語源とするものである。人間が奴隷ではなく自由な人格であるために必要とされる学芸のことを指す。この概念は、ローマ時代末期に自由七科（文法学、修辞学、論理学、代数学、幾何学、天文学、音楽）の形で具現化され、中世ヨーロッパの大学での教育の礎を提供した。

二つ目は、近代国民国家の形成とともに、一九世紀ドイツを中心に大学の役割を定式化するために据えられたビルドゥング（人格の陶冶）概念に基礎をおくものである。近代の産業社会の発展に伴って知識が断片化していく傾向に対抗し、文化の「全体性」に向けて個人の人格を陶冶する力を涵養することこそが当時の大学の使命とされた。教養というと人格の陶冶であると考える人も多いが、そのもととなっているのはこちらのビルドゥングのほうであると考えることができる。[3]

三つ目がジェネラル・エデュケーションである。これは二〇世紀米国において、専門教育と対置する形で言及されるようになった一般教育を指す。米国の植民地期以来のカレッジでは、古典語による伝統的学芸による教育がおこなわれており、それはリベラル・エデュケーションとよばれる教育であった。しかしこの概念は、リベラルアーツ概念を基礎としているため、古代の奴隷制社会における貴族主義的理念構造をもつものとして批判され、二〇世紀に入ってからは一般教育概念が提唱されるようになる。(4) 古代奴隷制社会のような自由な少数者への教育ではなく、すべての人が自由であることを掲げる民主主義国家アメリカでは、リベラル・エデュケーションではなく一般教育が提唱された。そして、戦後の日本で新制大学をつくるときに輸入されたのが、このアメリカの一般教育の枠組みである。一九四五年のハーヴァード大学の報告書では、一般教育がカバーする知識の領域を「自然科学」「社会科学」「人文科学」の三領域として明示した。これが日本の一般教育導入に強い影響を与えた。よく「パンキョー」(一般教養の略)と言われるものは、この二〇世紀米国のデザインを基礎としている。日本で戦後必修とされた「パンキョー」は一九九一年、大学設置基準の大綱化の際に多くの大学から姿を消した。現在は、各大学で一般教育というより「基盤教育」「共通教育」などの呼称でカリキュラムが設計されている。

以上が教養およびリベラルアーツ概念の概要であるが、これに対し、村上教養論がどのように展開されているかを述べよう。

二　村上教養論その一——STSの役割

上智大学、東京大学およびICU(国際基督教大学)などで教鞭を取った村上は、教養を次のように定義する。

Ａ：教養とは、広く多くの知識を得ることではありません。社会のなかで、自分で生きること、他人や団体に自分を預けるのではなく、自分で考え、自分で判断し、自分で行動し、自らの社会を造り上げるために自ら参画すること、そのための「力」の源となるのが、教養であると私は信じます。（『科学・技術と社会――文・理を越える新しい科学・技術論』二三六頁）

これは、市民のエンパワメントとしての教養と考えられる。そして、村上が強調するのは、このような市民のエンパワメントとしての教養教育におけるＳＴＳのもつ役割である。たとえば次のような記述がある。

Ｂ：現代社会において、科学の研究成果は、ほとんど時間をおかずに、社会全体やその構成員の運命を左右するような「応用」として現れる。例えばライフサイエンスと医療との関係を考えれば、この点は指摘するまでもないほど明らかであろう。ヒトゲノム、ＥＳ細胞、クローニングなどと、テーラー・メイド医療、再生医療、生殖補助技術など、その関係は歴然としている。そして、そうした「応用」は、社会の構成員の一人一人の生や死に直結している。そうだとすれば、社会の構成員が、そうした研究成果について、学問的な詳細は知らずとも、少なくともその概略と人間や社会に対する意味を理解する程度の理解を持つことは、必須の条件となることもまた自明となる。(5)

Bの文のなかの「社会の構成員」とは「市民」とおきかえてもよい。したがって、Aの文のなかで「自分の力で考える力のもととなる教養」として指しているもののなかに、Bの文のなかの「現代科学に関するリテラシー」が入ることがわかる。同時に、科学技術の専門家になろうとする人も、「自分たちの研究という行為によって生み出される成果が、自分たちを取り巻く社会や人間の生活にどのような仕組みで影響を与え、またどのような種類のインパクトを与えるか」[6]についての問題意識を持つ必要があると村上は説く。これは、専門家のもつべき社会的リテラシーであり、Aの文のなかで市民が「自分の力で考える力のもととなる教養」をもつことと並置される。そして、市民が科学リテラシーをもち、専門家が社会的リテラシーを身につけるために、そのような「問題意識」を双方にもってもらうよう働きかけるのがSTSの専門家の役割であるとする。

こうして村上は、教養教育におけるSTSの役割を主張する。そして、STSの専門家の果たすべき責務として、「専門家の共同体を開かせ、専門家の視点の限界を示し、生活者としての非専門家の視点から考えてみることを、専門家に求めるとともに、非専門家に対して、専門家の共同体のなかに蓄積される情報を、どのように理解し、どのように批判すればよいか、という手立てを共有するように求めること」[7]を挙げている。このように村上の教養論は、STS（科学技術社会論）の責務の話と結びついているのである。また、村上は自らの教養論を文章で主張するだけではなく、いくつかの場で実践もしているのであるが、それについては後述する。

三　村上教養論その二——規矩論

もう一つ、村上教養論で特筆すべきことは、彼の「規矩《きく》」論である。規矩論を論じるために、まず「解放」としてのリベラルアーツについてまとめておこう。

リベラルアーツとは、ラテン語のアルテス・リベラーレスを語源とし、人間が奴隷ではなく自由な人格であるために必要とされる学問であることはすでに述べた。現代の人間は自由であると思われているが、実はさまざまな制約を受けている。日本語しか知らなければ、他言語の思考が日本語の思考とどのように異なるのか考えることができない。ある分野の専門家になっても、他分野のことを全く知らないと、目の前の大事な課題について他分野の人と効果的な協力をすることができない。気づかないところでさまざまな制約を受けている思考や判断を解放させること、人間を種々の拘束や制約から解き放って自由にするための知識や技芸がリベラルアーツである。(8)

このように考えると、リベラルアーツとは、種々の制約から自らを解き放ち、自由かつ柔軟に思考するための知識や技芸を指すことがわかる。これと同様の捉え方は、村上も指摘していて、「狭い局面に自分を固定してしまわず、開かれた形で臨むためには、やはり知識は決定的に重要でもあるのです。それは心を解放してくれますから」(『やりなおし教養講座』、以下『教養講座』一六八頁）という表現をしている。

それと同時に村上は、自らの教養論のなかで「規矩」論を展開する。規矩とは、自分の行動を規制する規準のことである。

自分の規矩は決して崩さず、しかしそれで他人をあげつらうことも、裁くこともなく、声高な主張から一切離れ、何かを書き、言うこと自体が、すでに「恥」である、という自覚を持ち、ただ静かに穏やかに自分を生きること、世間を蔑んで孤高を誇るのではなく、世間に埋もれながら自分を高く持すること、それを可能にしてくれるのが「教養」ではないか、と私は考えているからです。（『教養講座』二七五頁）

規矩についての考え方は、以下のような言葉にも表れている。

「〔…〕どこかで少し抵抗してみて、自分の中のどこかで、それが私の規矩という言葉にもつながるんですが〔…〕ここから先はもう諦めてやめる。やりたいけどやらないでおきましょうという枠を自分の中に設定するか、否か。」（同、二二七頁）

「人間だけは自分の力でその枠を自分のなかに作らなきゃいけない。そうでないと「何でもあり」になってしまう。」（同、二二八頁）

「「分を守る」というような考え方〔…〕「分」とはある意味では自分に課した「規矩」のことです。こうしたいけれども、それは自分の規矩に反するからやらないと考えて、自分を律すること、あるいは自制すること。「分に過ぎた」ことはしない〔…〕。」（同、七頁）

そして村上は、「教養のためのしてはならない百箇条」を示す（同、二六九頁）。たとえば、「流行語を使わない」「お山の大将にならない」といった具体的で細かい振舞いについての禁止事項なのである。

興味深いのは、先に説明したリベラルアーツが、自由になるための学び、つまり自らの囚われからの自らの「解放」に焦点をあてていたのに対し、村上の「教養」は自らに禁止事項を課す「規矩」に焦点をあてている点である。一方が解放でもう一方が規矩（あるいは禁止）であることに筆者はかつて混乱を覚えた。「自己への規制と慎み」と「抑制から解放されること」、あるいは「己を内から律する力」と「外からの枠は自由に飛び越え、己の限界を突破できる力」とが対立するように思えたからだ。教養とは禁止なのか解放なのか。たとえば石井洋二郎は、『二一世紀のリベラルアーツ』のなかで、「知識の限界からの解放」「経験の限界からの解放」「思考の限界からの解放」「視野の限界からの解放」を説く[9]。村上の教養（とくに規矩論）は禁止であり、石井の教養は解放が強調されており、これらをどう整合させればよいのか考えあぐねてしまう。

しかし、これは以下のように考えると納得がいく。『教養の書』を記した戸田山和久は、村上の言うような禁止事項が、自らを「教養する」ために必要であり、「教養して」つくりあげる人格が、教養の社会的側面であると説く[10]。つまり、自らを「教養する」プロセスにおいては規矩（禁止事項）が必要である。そして自らを「教養して」つくりあげた人格は「教養」という力をもつ。後者の力は、本稿の「村上教養論その一」のところで述べたAの定義と同じである。戸田山によると、同時に教養の敵として、認知バイアス（種族のイドラ）、ここちよい同胞のコミュニティがもたらす穴（洞窟のイドラ）、コミュニケーションの場そのものがもたらす知性の歪み（市場のイドラ）、学問をうのみにすることから生じる誤解（劇場のイドラ）などがある。それらから「解放」されないと本来の意味での「教養」という力にならないのである。

このように教養には、禁止と解放の二つの側面がある。同様に教育にも「既成の枠組みをたたきこむ側面とその既成の枠組みからの解放の側面があることを村上は指摘している。

それ〔東京大学教養学部および教養学科のこと〕が理想として掲げてきたのは、既成・既存の学問枠に捉われることなく、教条主義的にルーティン化された学問への道をしりぞけ、若い頭脳のなかに形造られた固定観念をほぐして柔軟さを取り戻し、ときにはまだ存在さえしていない学問の可能性を探ろうとする、そのような知を営むことではなかったろうか[11]。

一般に、教育には、はっきりと矛盾する二つの側面がある。一つは、ある社会や共同体の未来の成員に対して、その社会が過去から持ち続けてきた既成の枠組みを叩き込む、という側面である。もう一つの側面は、彼らに、そのような既成の枠組みを疑わせ、別の（オルタナティヴな）可能性への模索という作業の重要さを提示することである[12]。同様に教養にも、規矩と解放の二つの側面があるのである。

四　村上教養論の実践

村上は、右に述べたような教養やＳＴＳ研究者の責務を書籍のなかで論述するだけではなく、さまざまな場で実践している。

村上は、折りにふれ筆者に対し、「組織の内外で、領域や分野の維持・発展のために、相当の努力を傾注しなければならない」と述べたが、それは科学史・科学哲学をふくむ科学論やＳＴＳが、分野の維持と発展のために大学内および大学外で果たすべき責任への言及である。科学論やＳＴＳをやる以上果たすべき社会的責任として、村上が自身に課した高い責任感が伝わってくる。そして、その責任感のもと、彼は大学外でも自らの教養論・学問論の実践をおこなった。それらについて紹介する。

（一）ＪＳＴ「社会技術研究システム」における村上領域の運営

一九九九年六月に、ハンガリーのブダペストで開催された「世界科学会議」（国際連合教育科学文化機関〔ＵＮＥＳＣＯ〕・国際科学会議〔ＩＣＳＵ〕共催）において、世界中の科学者や政府関係者、ジャーナリストなどが一堂に会して二一世紀の科学技術のあり方について議論し、ブダペスト宣言が発表された。これからの科学技術は知識の生産だけでなく、「どう使うのか」に軸足を広げ、「知識のための科学」に加えて、「平和のための科学」「開発のための科学」「社会のなかの科学・社会のための科学」という三つの理念が新たに掲げられた。これを受けて日本では二〇〇〇年四月、当時の科学技術庁が「社会技術の研究開発の進め方に関する研究会」（座長：吉川弘之・日本学術会議会長〔当時〕）を設け、「社会の問題の解決を目指す技術」「自然科学と人文・社会科学との融合による技術」「市場メカニズムが作用しにくい技術」の三つを「社会技術」として推進していくべきとの意見をまとめた。この社会技術の研究開発を進める専門組織としてJST（科学技術振興機構）は「社会技術研究システム」（後のRISTEX）を二〇〇一年七月に設置し、①ミッション・プログラム、②公募型プログラム、③社会技術研究フォーラム、の三つを活動の大きな柱として実施した。[13]この公募型の一つが「社会システム・社会技術論」というもので、村上が領域総括をつとめた。[14]

第一回の公募型研究で採用された研究プロジェクトは「自動化された社会的システムに生じるカオス（危機）とその制御」（代表：清水博）、「地球温暖化問題に対する社会技術的アプローチ」（代表：竹内啓）、「公共技術のガバナンス——社会技術理論体系の構築にむけて」（代表：藤垣裕子）、「開かれた科学技術政策形成支援システムの開発」（代表：若松征男）の四つであった。筆者はこのような大先輩に交じってプロジェクト代表者として研究予算をもらい、プロジェクト運営を経験した。プロジェクトのメンバーは、小林傳司、木原英逸、廣野喜幸、綾部広則、牧野淳一郎、杉山滋郎、梶雅範、調麻佐志、塚原東吾、平川秀幸、松原克志、神里達博、宗像慎太郎の計一四名である。

このプロジェクトの内容を少し紹介しよう。科学と社会の接点において発生する問題は、環境、医療、食糧など多岐にわたっているが、そこに横たわる本質的な問題には同型性がある。ところが、この「同型性」をきちんと議論して蓄積してこなかったがゆえに、基盤的知識の共有・蓄積が欠如している。そのため、課題や場面ごとにプリミティヴな議論が繰り返されており、事故や事件がおこった直後にのみ、マスコミを騒がせる傾向がある。そのような傾向に対して批判的な立場を取り、これらの知見や議論の積み重ねを蓄積し、今後の問題の解析に生かすためのハンドブック作成をめざした。国際科学技術社会論学会編のハンドブックの枠組みとコンセプトの検討、日本事例の検討、日本事例分析のためのコンセプトの検討、国際ワークショップの開催、一九七〇年代科学論の検討、そしてこれらの成果の国際発信、の順で研究をすすめた結果、「同型性」には少なくとも三種類のものがあることが示唆された。一つめは、科学技術の特性に関する同型性、二つめは問題解決のしくみについての同型性、三つめは分析の方法論としての同型性である。これらの成果をもとに、日本事例の分析をメインに据えたＳＴＳの教科書『科学技術社会論の技法』（東京大学出版会、二〇〇五年）を出版した。この教科書は、二〇一五年に中国語訳が出版された（群學出版有限公司）。さらに、この成果の一部は、シュプリンガー社から出版された福島原発事故のＳＴＳ的分析に関する本の第二部に収録された。(15)

以上のようにこのプロジェクトは二〇〇一年に設立された科学技術社会論学会を支える一四名のメンバーが、初期に公的に得た研究費であり、この予算を用いてミッシェル・キャロン（パリ鉱山大学技術イノベーション研究センター、元４Ｓ（国際科学技術社会論学会）会長）、ウルリケ・フェルト（ウィーン大学、欧州科学技術社会論学会元会長）、ロブ・ハケット（アムステルダム大学）、ブライアン・ウィン（ランカスター大学）を日本に招聘して、ＪＳＴ国際ワークショップに前後して日本事例ハンドブック編集会議を開いて議論し、多くの示唆を得た。また、ハーヴァード大学のシーラ・ジャサノフ、マーストリヒト大学のヴィーベ・バイカー（ともに4S元会長）にも意見をいただいた。このように、このプロジェクトは国際的なＳＴＳ研究者と日本のＳＴＳ研究者を結びつける役割を果たし、二〇一〇年の4S東京大会（4Sとしてはアメリカ合衆国と欧州大陸以外で開いた最初の国際会議）開催の大きな礎石となったといっても過言ではない。

同時に、このプロジェクトが採択されたことにより、最初の年は「採択されたプロジェクト報告会」、その後、年に一回の成果報告会、そして最終報告会の計五回、文字通りパブリック（一般市民）にむけて説明する機会が筆者に与えられた。「作動中の科学」「妥当性境界」といったSTSの概念を科学者をふくむ聴衆にわかりやすく伝える経験は何にも代えがたいものとなった。村上はその中間報告、最終報告、評価、プログラム代表者とのシンポジウムなどなどで、それこそ前項で述べた「科学史・科学哲学をふくむ科学論やSTSが、分野の維持と発展のために大学内および大学外で果たすべき責任」を果たしていた。それらの場で、筆者は大変お世話になったことをここに明記しておきたい。

さらに、二〇〇七年から二〇一三年にこの領域は、社会技術研究センター公募型プログラム「科学技術と人間」領域となり、やはり村上は領域代表をつとめた。この領域では筆者は研究代表者としてではなく、領域アドバイザーとして審査する側を村上とともにつとめた。ここでは科学技術と社会の相互作用について検討し、関与者の拡大と専門家の新たな役割について検討した。[16]「政策形成対話の促進——長期的な温室効果ガス大幅削減を事例として」「地域に開かれたゲノム研究のためのながはまルール」「市民と専門家の熟議と協働のための手法とインタフェイス組織の開発」「アクターの協働による双方向的リスクコミュニケーションのモデル化研究」など、一二のプロジェクトを採択し、各プロジェクト間のネットワーク化促進にも注意を払った。その成果をまとめて、「科学技術と生活知をつなぐ」「踏み出す専門家をはぐくむ」「果敢な社会的試行で学ぶ」「応答の継続が信頼をうむ」という提言をまとめている。そして、科学と社会の接点の議論空間をつくり、従来の論文生産に閉じこもった活動ではない科学者のありかたを検討した。

村上領域（村上が領域代表を務めたＪＳＴの研究領域）の運営をとおして、プロジェクト採択者および領域アドバイザーは次のＣ１からＣ４までの能力を身につけるよう鍛えられた。

（Ｃ１）専門家が一般（あるいは他分野の専門家）に語るための語彙をもつこと
（Ｃ２）専門家が一般（あるいは他分野の専門家）にむかって語るための語り方をもつこと
（Ｃ３）科学技術論の最先端の議論に専門家を引きずり込むこと
（Ｃ４）科学技術論の最先端の概念をつかって、専門家自身が科学を語れるようにすること

とくにＣ２について、村上はこう記している。

知識人である限り、学識を備えていることは基礎資格でしょう。その学識を、たとえ相手が子どもであっても、きちんと伝えることができる能力を持っていなければ、知識人の資格はないのでは、と思います。（『あらためて学問のすすめ』五二頁）

このような能力を身につける実践（村上の本を読むだけでは伝わらない村上の言動による実践）の場の一つが、以上に述べたＪＳＴの村上領域であったと筆者は考えている。

（二）先端科学シンポジウム

村上は文化によって概念および言葉の分節化が異なることに鋭敏な感覚をもっている。たとえば以下の記述がある。

あの自然光の分光帯、つまり色彩の連続的多様体をどのように「組織化」するか。自然光の分光帯自体が、自ら七色に「分節化」されているわけでもなければ、六色の色帯に「組織化」されているわけではない。「青」から「紫」への移り行きの部分に、一つの「色」を見るか、そこに一つの「分節」を作るか、それとも、「青」の調子が少しずつ濃くなって、やがて「紫」へと「分節化」されたものと見るか、これは、われわれが「藍」という単語を、日常的世界のなかで使っているかいないか、という事実と、ほとんど完全に重なっていると言ってよいだろう。

「藍」という語を日常言語の語彙のなかに持っている日本人が、そうした「われわれ」のなかでその語を自由に使いながら育って行くとき、浴衣の鮮やかな「藍色」を視野のなかにはっきりと分節化して認め、他方浴衣の「藍色」はそれ自体として自己を表出するようになるのに反し、「インディゴ」を日常言語のなかには欠いているアメリカ人にとって、「青」や「紫」には、日本人よりもはるかに多彩なニュアンスが認められるかもしれないにせよ、「藍色」は存在しないのだ、と言うことは充分可能であるように思われる。（『科学と日常性の文脈』八九―九〇頁）

このような日常生活の語彙の分節化の文化による違いと、科学的世界の分節化の分野による違いを実感させる「場」として設計された実践の場を以下に紹介する。

先端科学（Frontiers of Science: 以下ＦｏＳ）シンポジウムとは、日本と諸外国の優秀な若手研究者（原則として四五歳以下）が様々な研究領域（日米の場合は、物理学、化学、生命科学、神経科学、数学、宇宙・地球科学、材料科学、そして社会科学）における最先端の科学トピックについて、分野横断的な議論を行う合宿形式のシンポジウムである。シンポジウムに参加した若手研究者がより広い学問的視野を得るとともに、既存の学問領域にとらわれない自由な発想を更に発展させ、新しい学問領域の開拓に貢献し、また、次世代のリーダーを育成し、ネットワークを形成することを目的としている[17]。

はじまりは、一九九六年八月の中川秀直科学技術庁長官訪米時のブルース・アルバーツ科学アカデミー（National Academy of Sciences: ＮＡＳ）会長との意見交換に基づいて、一九九八年度からＪＳＴ主催で日米の先端科学シンポジウムが開始されたことによる。若手研究者を両国から四〇名ほど選んで合宿形式で議論を行い、一年ごとに交互に開催地を設定する。日米の場合は前述のように八分野であるが、各分野二時間のセッションを持つ。最初の一時間に日米双方の当該テーマ（テーマは各分野のＰＧＭ〔プランニング・グループ・メンバー〕の八人が前年に集まって決める）に従事する新進気鋭の若手研究者が、他の領域の研究者にもわかるようにプレゼンテーションを行い、残りの一時間で他分野の研究者も交えて自由な討論を重ねる。この八セッションの他に開催国におけるカルチュラル・ツアーがある。日本開催のときは鎌倉散策や京都散策に参加者を連れていった。二〇〇一年度からは日本学術振興会が実施するようになった。村上は日本学術振興会に移管されてから二〇一二年までこの

先端科学シンポジウムの事業委員長をつとめた。(18)

日米の経験をもとに、日独先端科学シンポジウム（JGFoS）が二〇〇四年から、日仏先端科学シンポジウム（JFFoS）が二〇〇七年から新設された。ただし、どの国と組んでも、シンポジウムは英語で開催される。筆者は、村上に声をかけられ、二〇〇三年の日米先端科学シンポジウムに一般参加者としてはじめて参加し、その後、JFFoSの立ち上げにかかわった。フランス側の要望として、人文学を領域として追加するよう言われ、日仏のみは「社会科学」ではなく、「人文学・社会科学」という分野枠になった。筆者は二〇〇七年から二〇〇八年に日仏の人文学・社会科学分野のPGM、二〇〇九年から事業委員会の日仏専門委員、二〇一三年から事業委員、二〇一八年から二〇一九年に事業委員長を務めた。二〇二四年現在、FoSの参加者は一三〇〇人を超えている。そのなかにはノーベル物理学賞を受賞した梶田隆章もふくまれる。

この先端科学シンポジウムの特徴および魅力について以下にまとめよう。第一に、異分野交流である。「構造化された異分野交流」と言われるが、(19)同シンポジウムに参加するだけで、本当にいろいろなことが学べる。朝はRNAとウィルスの話、午後一番は隕石と太陽系の起源、次は次世代燃料としての生物燃料（第七回 JFFoSの例）など、座っているだけで最先端の話に触れ、第一線の若い研究者と丁々発止できる幸せな機会はそうない。学会ではツーカーの議論も、他分野の人に理解できるように話すにはどういうコツが必要なのか、ということも学べる。これは最先端の研究を納税者である一般市民にわかりやすく説明する技術にも役立つ。つまり、参加者は、前項で述べたような、（C1）専門家が一般（あるいは他分野の専門家）に語るための語彙をもつこと

（C2）専門家が一般（あるいは他分野の専門家）にむかって語るための語り方をもつことといった能力が鍛えられるのである。これは「科学技術インタープリター養成プログラム」（次の項で述べる）の若手研究者版であるともいえる。言い換えれば、参加者は、シンポジウムを通して自分の専門分野を公衆に説明する力をつけ、プロとしての視点と素人としての視点の往復の力（専門家にとってのリベラルアーツに必要な力）をつけることになる。シンポジウムをとおしてこうした往復の力をつけることの重要性については、事業委員会日仏専門委員をやっていたときのシンポジウムの終わりの挨拶でも述べた(20)。

次に同シンポジウムの魅力として、「セッションを作り上げる達成感」がある。第一回のＪＦＦｏＳ（二〇〇七年一月開催）で人文学・社会科学領域は、セッションとして「科学技術と民主主義」を扱ったが、これはＳＴＳでも最先端の話題であった。プロポーザルの作成、日本国内の自然科学系ＰＧＭとの準備会合、フランス側との交渉、どれも気が遠くなるほどやりがいのある仕事だった。国内準備会合で、自然科学系ＰＧＭから、「科学者に、このテーマはおまえたち自身の問題なんだよ、と訴えかけるようなセッションにしてほしい」と言われ、思わぬサポートを得たことも忘れがたい。このプロセスを通して、筆者は前項で述べたような、

（C3）科学技術論の最先端の議論に専門家を引きずり込むこと

（C4）科学技術論の最先端の概念をつかって、専門家自身が科学を語れるようにすること

といった能力が鍛えられた。

第二回ＪＦＦｏＳでは、フランス側ＰＧＭの提案した「音楽の普遍性と文化多様性」がテーマとな

った。フランス側の発表者が認知科学の側面から「音楽の文化によらない不変項」を示し、日本側の発表者が民族音楽学の側面から「文化依存性」を示し、司会者はその両者をつないでこれまでの音楽についての諸学問の多様性を示した。会場の自然科学者をも巻き込み、多くの興味深い質問がでて、大好評だった。終了直後に、PGM主査と化学PGMの先生から「セッション成功おめでとう！」と握手を求められ、フランス側PGMと私は握手だけでは足りず、抱きしめ合って成功を喜んだ。第一回でのPGM経験をもとに、若い弟のようなフランスPGM相手に手取り足取りアドバイスした結果、とてもよいセッションができ、自らの予想を上回って達成感が感じられた瞬間だった。このセッションの日本側の発表者は民族音楽学を専門とする小塩さとみで、村上の音楽関係の豊かなネットワークからの紹介であった。セッション成功の内容をメールで伝えたときの村上の返事は「膨大なジャンクメールや、味気ない事務的なやりとりがほとんどのメール空間のなかで、嬉しいお便りでした。〔…〕セッション成功のご様子は、伺っていて、とてもありがたいことでした」という温かいメッセージであった。

第三に、異文化交流がある。日米と日仏で別日程で同じ鎌倉へカルチュラル・ツアーに行ったのだが、彼らの行動は全く異なっていた。地元のボランティアによるツアーコンダクターの旗のもと、ちゃんとついていくのが米国人で、まったく無視するのがフランス人。バスのなかでの昼食に米国人は文句を言わなかったが、フランス人は「食事は車のなかで一〇分でするものではない」「コーヒーが飲みたい」と大ブーイング。分刻みの観光計画にも「観光というのは、こうやって決められた時間に済ますものではなく、いいと思ったらその場所に何時間でもいるものだ」とコメント。さらにPGM

会議でフランス側は、「第一回のPGM会議で学んだとおりにやっているのに、そんなに文句をいうなら私たちはストライキをする」と主張。いやはや、同じ場所で同じプロセスを踏んでFoSシンポジウムをやっているはずなのに、なんでこんなにも違うのだろう、と感嘆した。

さて、お気づきの読者もいることと思うが、FoSシンポジウムのプログラムには、「異分野交流」の軸と「異文化交流」の軸の双方が埋め込まれている。八回もの本番にかかわった日仏の経験をもとに、この二つの軸が交錯する場に身を置くことによって筆者が何を得たかをまとめておこう。

まず、「見えなかったことが見えてくる」経験である。第七回の大津でのJFFoS、および第九回の京都でのJFFoSで、フランス人と一緒に座禅を組む機会を得た。座禅道場で彼らは静かに、僧侶の話の通訳のとおりに足をくみ、手をくみ、目線を前の人の臀部あたりに固定し、呼吸を整え、座禅を体験した。講話も通訳が入った。「外界に関心がいっている注意を自分の内側にむける」「そのためにまず自らの呼吸に集中する」「しかし修行をつむと呼吸に集中しなくても精神を集中できるようになる」「座禅は体験しにくるものではない」「座禅は私（僧侶）の中にあるわけではない。あなたがたの中にある」。その日の夕食では禅問答に関する質問攻めにあった。哲学好きの彼らは、禅問答のなかの「答えが簡単でない哲学的問い」に大変な関心を示す。

関心の強さは、日本語における言葉の差異にも及んだ。「どうぞ」と「どうも」はどう違うのか。フランスでは、人にこちらに来てほしいときは「マダム」や「マドモアゼル」と呼びかけるが、日本語ではどうか。後者の問いには、「ちょっと」とか「ちょっとお嬢さん」というと答えた。すると、「ちょっと」とは何かと聞いてくる。無意識に使っている日常言語の「分節化」の微妙な差異に気づかされる瞬間である。そして京都で多くの寺や神社を見たあと、仏教と神道の違いについて質問される。仏教と神道の違いを英語で説明するのはなかなか難しいのである。さらに、日本の工芸品の美しさをフランス語で必死に説明しようとする。アール・ドゥ・ヴィーヴル（美しい生活スタイル）は実は英語にすると真髄が伝わらないのだと実感した。こうした「知の三角測量」[21]を、彼らとの観光をとおして体験した。

次に指摘しておきたいことは、フランス人の科学技術者の哲学に対する高い関心である。一回のFoSシンポジウム参加者は八〇名で、そのうちフランス人は四〇名である。八回で三二〇人のフランス人と交流したことになり、そのうち二八〇人は科学者だった。翻って日仏会館など日本でのフランス関係の催し物をみるとほとんどが人文学であり、日本の研究者はフランス研究というとすぐに思考が人文系にいってしまう傾向があるが、フランスは科学技術大国なのである。そして、驚いたのは、フランスの自然科学者が人文・社会分野のテーマに対して大変な興味を示し、率先して議論に参加していたことである。日本の自然科学者は人文・社会系のセッションになると自分たちには関係ないという態度を取ることが多いのだが、フランスの自然科学者は人文・社会系の議論をするのが大変に好きであることがわかった。こういう議論好きな態度は、実は高校時代にバカロレアの対策をとおして哲学的な問いに徹底的に取り組んでいること、たとえ自然科学の分野に進むとしてもその種の問いに取り組んでいる（将来人文系に行く学生にも社会系に行く学生にも自然科学系にいく学生にも哲学というバカロレア科目はある）というベースがあるからではないかと考えられる。こういった点は、二〇一五年以降、東京大学のなかで後期教養教育（専門を学んだあとのリベラルアーツ）を設計するうえでも大変役にたった。教材開発をするときにバカロレアの「哲学」の問題を参照し、かつパリでバカロレア対策本（日本でいうところの赤本）を購入して分析した。すると、それらの対策本には、哲学の問題のところで「問いを分析せよ」「言葉の吟味をせよ」「問いを分類せよ」「論を構築せよ」などと書かれている。こういった試験準備をすることによって、自然科学者であっても哲学的な問いにとりくめる思考力が鍛えられるのだということがよくわかった。日本の高大接続を考え、ＳＴＥＡＭ教育[22]などを論じるうえで、再考しなくてはならない課題である。

もう一つ、異分野交流と異文化交流の場で実感したことを付け加えておこう。それは自然科学系の話題と人文・社会科学系の話題とで、母国語と英語との距離が異なることである。自然科学系の研究者は、「英語で考える自分」イコール「日本語で考える自分」に近い研究者が多かった。それに対して、人文・社会系の研究者は、「英語で考える自分」と「日本語で考える自分」との間に距離がある。つまり、概念の構成自体が、歴史的・社会的・文化的背景に依存するため、語のネットワークを置き換えること自体が難しいのである。それに対し、自然科学の用語は、その存立自体が歴史的・社会的・文化的背景を極力排除したところで普遍的に成立するものを対象としていて、両者の間に距離が少ないことが示唆された。実際には自然科学の用語にさえ「状況依存性」があることはＳＴＳのなかでも指摘されているが[23]、それでも、歴史的・社会的・文化的背景への「状況依存性」は、人文・社会科学のほうが圧倒的に大きいことを、セッションでの議論を通じて実感した。

このように、ＦｏＳシンポジウムにおける異分野交流と異文化交流の交錯は、村上の書における「日常的世界」の文化による分節化の違いと、「科学的世界」の分野による分節化の違いが交錯する体験であった。まるで『科学と日常性の文脈』の応用問題のような場であった。本で読むことと実際に体験すること、そして多くの自然科学者をこういう体験のなかにひきずりこむこととの間には大きな差がある。日本の中にFoS事業を定着させた村上の慧眼と努力に敬意を表したい。

(三) 科学技術インタープリター養成プログラム

東京大学科学技術インタープリター養成プログラムは、科学コミュニケーション教育を推進するための文部科学省・科学技術振興調整費・新興分野人材養成プログラムの一つとして、二〇〇五年五月に発足した。他には北海道大学、早稲田大学で同様の人材養成プログラムが発足している。発足当時の東大の代表は松井孝典であり、村上は発足当時から構成員であった。教員は科学技術プロパーの研究者群(上述の松井、生命科学の黒田玲子、石浦章一、長谷川壽一など)と、科学技術論の研究者(村上、廣野喜幸、佐倉統、岡本拓司、藤垣裕子など)の二つの群からなり、協力して教育をおこなっている。二〇〇九年に振興調整費の助成期間が終了し、東京大学総合文化研究科教養教育高度化機構の一部門となり、研究科の予算を用いて運営が行われている。科学技術の急速な発展により、科学が細分化され、ブラックボックス化された結果として科学と社会との間に乖離が生じている現状に対し、科学技術の専門家と科学に慣れ親しんでいない人たちの間をつなぐ人材を養成することを目的としている。科学技術の担い手のもつ情報を一般市民に伝えるインタープリターと、科学技術に直接携わらない一般市民の実感や要望を科学技術者に伝えるインタープリターの両方がある。

一般に科学コミュニケーション教育では、「どう伝えるか」に焦点があてられる。たとえばどのような表現・図を用いるとわかりやすく伝えられるか、どのようなメディアを使えば一般市民に情報を届けられるかといったことである。それに対し、当プログラムでは、「何を伝えるか」にも焦点をあて、一般市民に自分で考え判断する能力を涵養することも目的としている。たとえば、巷にあふれている情報やデータを鵜呑みにせず、その裏を読む力、判断の根拠となっている科学的知識は何かを問う力などである。単なる科学者による啓発活動ではなく、科学と実生活の橋渡しをしてくれる双方向性の人材を育てている。

本プログラムは大学院の副専攻であり、たとえば修士課程の一年目の六月に副専攻としての入試を行い、合格すると一〇月から授業がはじまる。「何を伝えるか」については、インタープリター基礎論、リテラシー系列の授業が用意され、「どう伝えるか」についてはライティング系列、表現系列からの授業が用意された。受講生たちはこれらの授業を聞いた後、最後の一年間をかけて修了論文を書き、最短で一年半で履修が終えられるようになっている。修了論文の例（七期生、二〇一二年度）を示すと、「東京大学前期課程におけるキャリア教育を通した文系・理系学生の将来設計に関する研究」「今求められている博物館像」「新しい科学教育プログラムの構築」「助産師は何の役割を引き受けようとしたのか？——ホメオパシーをめぐる乳児死亡事件から検討する助産師と代替医療の関わり」「国語の授業を通した科学リテラシーの涵養——科学的な精神に対する批判的思考の教育手法の提案」「心理学的構成概念は脳科学によって具象化されるか？——知能研究を例に」「科学者像を伝えるサイエンスカフェの実施」「The Church of the Flying Spaghetti Monster のゆくえ——創造論論争と科学コミュニケーション、そして宗教」と多岐にわたる。

二〇二一年現在、プログラムは一七期生を迎え、修了生の合計は一一一名となった。学内でも後期教養教育（専門を学んだあとの教養教育）の先駆的な試みの一つとして高く評価されている。村上は二〇〇五年から二〇〇九年まで本プログラムで特任教授をつとめて運営委員会に参加し、また二〇一〇年以降は二〇一四年まで非常勤講師として授業を担当した。村上の指導した修了研究に「科学リテラシーとは何か」（一期生の野口尚志）がある。その修了論文は、科学リテラシーに関する先行研究や基礎文献に関する調査、科学コミュニティや産業界などの国民の科学技術リテラシーに関する意見集約・類型化調査、そして科学技術リテラシー像の策定に関する検討課題に関する分析、の三部構成になっている。

プログラム発足当時、科学論関係の教員群は准教授が多く、教授ばかりで構成されていた自然科学プロパーの教員群に比べて発言力が弱かったのだが、村上はその准教授群に代わって、科学コミュニケーション教育における科学論の役割をプログラム運営委員会で誠実に主張し続けた。印象的だったのは、二期生のある学生が発表会で、「専門家が市民のほうに降りていく」という表現を使ったときの冷静な怒りの表出である。「今の表現のなかには、専門家のほうが上で、市民は下であるという無意識の権力関係が表われている」という意味のことを、口調はやさしく、しかし内容は厳しく指摘するのを目の当たりにして、自然科学者に迎合することなく科学論の立場を貫く静かな強さと理想の姿をみたことを覚えている。このように、筆者は村上とさまざまな場を共有し、そばで一緒に仕事をすることによって学びの場を得たと考えている。

(四) アスペン研究所セミナー

アスペン研究所は、変動が大きく、先行きが不透明な時代に、組織や社会を導くリーダーには、従来の企業経営的なスキルに加えて、深い教養(リベラルアーツ)に裏付けられた洞察力・価値観、ビジョン構想力、さらには豊かな人間性が求められているとし、古今東西の「古典」を素材に「対話」することを通して、次代を切り拓くリーダーシップを醸成する、新しい学びの場を提供している。[24]もともとは、米国で生まれたセミナーであり、第二次世界大戦直後の一九四九年、当時のシカゴ大学学長であったロバート・ハッチンスが米国コロラド州アスペンで開催された「ゲーテ生誕二〇〇年祭」に、哲学者のアルベルト・シュヴァイツァー、ホセ・オルテガ・イ・ガセットらと共に招かれ、「「対話の文明」を求めて」と題する講演を行ったことがはじまりとされる。彼は講演のなかで「われわれの時代の特徴のうち最も予期せざるものは、人の生き方においてあまねく瑣末化(trivialization)が行きわたっていることである」とし、「無教養な専門家による脅威こそ、われわれの文明にとっての最大の脅威」であり、「専門家というものは、専門的能力があるからといって無教養であったり、諸々の事柄に無知であったりしていいものだろうか」と問いかけ、「人格教育」の必要性と相互の理解・尊敬に基づく「対話の文明」を訴えた。ここで提議された、「専門化と細分化、職能主義、効率主義、短期利益主義などの飽くなき追求によって失われていく人間の基本的価値やコミュニケーション、あるいはコミュニティを再構築するにはどうすれば良いのか」といった問題意識がアスペン・セミナーの原点となったとされる。[25]こうした考えを受けて一九五〇年に、学者、芸術家、実業家たちが日常の煩雑さから解放されて、ゆっくりと語りあい、思索するための理想的な「場」を提供することを目的として、米アスペン研究所が設立された。また翌年には「アスペン・エグゼクティヴ・セミナー」がスタートした。このセミナーでは、モーティマー・アドラー自身が編纂にあたった西欧の名著全集『グレートブックス』から、数百ページにおよぶ古典抜粋集を基本テキストとして使用するプログラムが導入された。アドラーのプログラムは、時の試練に耐えた古典名著(26)を共通のテキストとして、「過去の人々は何に価値を見出し、どう生きたのかを考え、そこからわれわれは何を基準に、どう行動するのか」などを対話によるコミュニケーションを通じて、各自の答えを見つけ出していこうとするものだった。

以上のようなハッチンスの提起した問題意識と、アドラーの開発したメソッドを基本としたセミナーがアスペン研究所セミナーである。日本でも、一九七五年に提携活動が開始され、本格的なエグゼクティヴ・セミナーを実現したいという機運が高まり、一九九八年、設立に尽力してきた小林陽太郎（元・富士ゼロックス株式会社 取締役会長）を初代会長として日本アスペン研究所が誕生した。二〇一三年には設立一五周年を迎え、新たに「科学・技術とヒューマニティ・セミナー」が企画され、村上はこの企画の主要なメンバーとなった。

筆者が参加したのは二〇一五年の「科学・技術とヒューマニティ」セミナーである。三つのセッションから成り、セッションIは、ヒューマニティをテーマとし、カント、リッケルト、シャルガフなどの書いた古典が教材となった。セッションIIは、デモクラシーがテーマとなり、プラトン、トクヴィル、オルテガ、ウェーバーなどの書物が教材となった。そしてセッションIIIでは、C・P・スノー『二つの文化と科学革命』、シュレーディンガー『生命とは何か』、ヴァネヴァー・ブッシュ『科学

──限りなきフロンティア』、ジャック・モノー『偶然と必然』、小林傳司『トランス・サイエンスの時代』などが教材となった。

企業の管理職クラスの人々と一緒に古典を読むこのセミナーは、右に示したような古典のテキストを皆で読む。どの文章に何を感じたか、何が自分の心に響いたかを対話によって共有し、そのことによって自己にむきあう。われわれは古典にむかうとき、よく「正しい読み方とは何か」にとらわれがちであるが、「正しい読み方」とは独立に、現代に生きるわたしたちが、それらの文章に素でむきあったときに、何を感じたか、インスパイアされたかを共有しあうのである。

自分がテクストと、どれだけ真剣に向き合い、どれだけ深く「対話」を交わし得たか、が問われることになります。(『エリートたちの読書会』三四頁)

ここでの対話は、テクストとの対話、他者との対話、そして自分との対話という、三重の対話の実現を保証するように仕組まれたものである、と申せましょう。(同、三六頁)

テキストとむきあうことによって、自分のなかにある問題(例えば、上司・部下との関係、組織運営のありかた、国のありかた、子との関係)を映し出し、分析する契機を与える。心に響くというのは、そのような核が自分のなかにあるからである。このようなテキストとの対話を通して、日ごろ解法ばかり求めている企業人の思考を解放する。解放という意味でこれはリベラルアーツであると考えられる。他者の話に耳を傾け、自己との対話を深めることは、自分をメタレベルで見つめなおす契機を与え、人格の涵養につながる。その意味でリーダーシップ研修になるという。

そして、「解放」に至るには、セミナーにおいて司会者およびリソース・パーソンとよばれる学者が重要な役割を果たす。司会者（モデレーター）は、「正しい読み方」を押し付けるのではなく、参加者の言葉に耳を傾け、対話を促し、発話者がテキストに自分の問題を映し出し、分析する契機を与える。また参加する学者は、対話を促し、次の思考にいざなうためにテキスト関連の知識を提供する。

筆者はこのセミナーにリソース・パーソンとして参加したのであるが、司会者であった村上から、突然、「ソーカル事件について説明してください」、「ヴァネヴァー・ブッシュの文書がでた背景について説明してください」と指名され、内心あわてふためいたことを覚えている。そして教養とは、「いつなんどきでも自らの知識を総動員して、他者に短時間で的確に説明してみせること[27]」だということを身をもって実感した。

テキスト集は一旦定められると、当分は改訂されないが、集まる参加者は、毎回その育ちも経験もそれぞれ違う。そのため、同じテキストを相手にしていても、そこに造られる対話の時空は、一回一回異なるものになるという（『エリートたちの読書会』三四―三五頁）。このことは、同じ芸術作品を目の前にしていても、人によって読み方が異なること、そして同じ人でさえ時期によって読み方や感じ方が異なるという議論とつながる[28]。

ここで、古典のテキストにむきあうことが、「日ごろ解法ばかり求めている企業人の思考を解放する」ことになることに注意しよう。他者の話に耳を傾け、自己との対話を深めることは、自分をメタレベルで見つめなおす契機を与え、人格の涵養につながる。その意味でリーダーシップ研修になる。この点について主催者は筆者に、企業人のこのセミナーにとって、アカデミア（学術界）の役割は大きいと言った。日頃「目の前の解法」ばかり考えている企業人の思考に学問の側から相対化の視点を提供すること。これがアカデミアの役割であり責任であるというのである。「役にたつ」「イノベーションに直結する」知識とは別の学問の存在意義を企業人から指摘され、筆者としては目から鱗の落ちる思いがした。これは、「役立つと思っている人たちが、その役に立つ世界のなかで役に立たない対象を糾弾する」態度とは対極にある。

さらに分析を先にすすめてみよう。ここで学者の側は、企業人のテキストへの反応や質問に対し、「いつなんどきでも自らの知識を総動員して、他者に短時間で的確に説明してみせること」を演じてみせる。つまり、学問のなかで閉じた語彙を企業人にむけて「開く」のである。同時に企業人の側は、テキストに対して感じたことを自由に言語化する。つまり、企業での日々の生活のなかで閉じた語彙を、テキストへの感想という形でセミナー参加者にむけて「開く」のである。その意味で、このセミナーは、「たがいに閉じた語彙の中で語っている者同士が対話への回路を開く」ことを実践していることになると考えられる。

このように、アスペン研究所での村上のモデレーターとしての役割は、村上教養論の実践の一つの理想形であった。企業人が「目の前の解法」、つまり「すぐに役に立つ」という発想や思考から自らを解放するためにアカデミズムがあると認識し、アカデミズムに属する人たちからその役割と責任を最大限引き出す試みなのである。とくに「科学・技術とヒューマニティ・セミナー」は現代社会を生きる人間にとって避けて通れないテーマがふくまれており、その教材開発とセミナーの実践に尽力した村上の功績は大きいと筆者は考えている。

以上のように村上は、学内外のさまざまな場で自らの教養論とＳＴＳの責務を実践してきた。村上の著作のみならず、こういった実践からもわれわれが学ぶべきことが多くふくまれていると確信している。

注

（1）「ここで部分的専門的な知識の基礎である一般教養を身につけ、人間として偏らない知識をもち、またどこまでも伸びていく真理探求の精神を植え付けなければならない。その精神こそ教養学部の生命である」（矢内原忠雄「真理探求の精神を――教養学部の生命」『教養学部報』第一号、一九五一年四月一〇日）。また同論考は、東京大学教養学部編『教養学部の三十年』一九七九年、三頁所収。

（2）「教養の目指すところは、諸々の科学の部門を結びつける目的や価値の共通性についてであり、〔中略〕われわれの日常生活において、われわれの思惟と行動を導くものは、必ずしも専門的知識や研究の成果ではなく、むしろそのような一般教養によるものである」（戦後初代総長・南原繁「新しい大学生活――新入学生諸君のために」『教養学部報』第一号、一九五一年）。

（3）教養をめぐって伊東俊太郎をはじめとする人たちと合宿形式で議論をしたことがあるが、リベラルアーツをもとにして考える人は、教養とは自由になることだと主張するのに対し、ビルドゥングをもとに考える人は教養とは全体性を確保することだと主張する。自由になることと全体性がどうリンクするのかをめぐって興味深い討論となった。もともと何を教養の語源として捉え、どこを目指しているのかによって、この語は意味が変わってくる。

（4）松浦良充「「教養教育」とは何か」『哲学』第六六号、八三—一〇〇頁。

（5）村上陽一郎「忘れてほしくないこと」『科学技術社会論研究』第一号、二〇〇二年、三四頁。

（6）同、三四頁。

（7）同、三五頁。

（8）東京大学「後期教養教育立ち上げ趣意書」。https://www.u-tokyo.ac.jp/ja/students/special-activities/koukikyouyou.html

（9）石井洋二郎「創造的リベラルアーツに向けて」、石井洋二郎編『二一世紀のリベラルアーツ』水声社、二〇二〇年、四〇頁。

（10）戸田山和久『教養の書』筑摩書房、二〇二〇年、九八—一〇一頁。

（11）村上陽一郎「東大「中沢問題」を考える——既成の「学問」の空洞からの脱出を」『朝日ジャーナル』一九八八年四月二二日号、三〇頁。

（12）同、三一頁。

（13）https://www.jst.go.jp/ristex/aboutus/history/index.html

（14）柿原泰・加藤茂生・川田勝編『村上陽一郎の科学論——批判と応答』新曜社、二〇一六年、五七—五八頁参照。

（15）Fujigaki, Y. (ed.), *Lessons from Fukushima: Japanese Case Studies on Science, Technology and Society*, Springer, 2015, pp. 1-242.

（16）『関与者の拡大と専門家の新たな役割——科学技術と社会の相互作用』「科学技術と人間」領域成果報告書、

ＪＳＴ社会技術研究開発センター、二〇一三年、一一七九頁。

（17） https://www.jsps.go.jp/j-bilat/fos/index.html

（18）『村上陽一郎の科学論』五七頁参照。

（19） https://www.jsps.go.jp/j-bilat/fos/messages/02.html

（20） Le symposium de Frontière de Sciences est une précieuse occasion d'échanges culturels en différents domaines.

Par ces échanges, nous allons apprendre la façon d'expliquer notre specialité au public et cet aller-retour entre spécialistes et amateurs est justment une sort de <liberal arts> pour nous spécialistes.

J'espère que nous avons pu acquerir plus ou moins cette compétence d'aller-retour par ce symposium.（フランスのメッスでの第八回ＪＦＦｏＳクロージングセレモニー挨拶）

（21） 日本語と英語しか知らなければ、自分を相対化する線は一本しか引くことができない。つまり日本語からとらえている世界観と英語からとらえている世界観がどのように異なるかの比較の線である。それに対し、もうひとつ外国語を勉強すると、線は一気に三本に増える。たとえば英語とフランス語を知っていれば、日本語と英語、日本語とフランス語のほかにもう一本、英語とフランス語のあいだにも、比較のための補助線を引くことができる。そのことによって、言葉と概念の関係は言語によって多種多様であるということ、同じ人称代名詞でも、フランス語と英語と日本語では語彙の分かれ方が異なっていることを学ぶことができる（例：「ヒツジ」ひとつとってみても、それぞれ意味の切り分け方が違っている。〔石井洋二郎「『星の王子さま』と外国語の世界――文化の三角測量」、東京大学教養学部編『高校生のための東大授業ライブ――純情編』東京大学出版会、二〇一〇年〕）。

（22） ＳＴＥＡＭ教育とは、Science（科学）、Technology（技術）、Engineering（工学）、Mathematics（数学）

を統合的に学習する「STEM教育」に、さらにArts（リベラル・アーツ）を統合する教育手法である。STEMでは収束思考に陥りがちだが、それにArts（人文科学や芸術を含めたリベラルアーツ）を加えると拡散思考が加わり創造的な発想が生まれることが強調されている。
(23) 藤垣裕子『専門知と公共性』東京大学出版会、二〇〇三年。
(24) https://www.aspeninstitute.jp/
(25) https://www.aspeninstitute.jp/ideal/
(26) 何を古典名著とするかには、もちろん権力の作用がある。たとえば、隠岐さや香は、「なぜ古典教養として死んだ白人男性の本ばかり読まされるのか」という批判を紹介している。隠岐さや香「歴史の目からみた二一世紀のリベラルアーツ——対話と倫理的思考」、石井洋二郎編『二一世紀のリベラルアーツ』水声社、二〇二〇年、一四八頁。
(27) 石井洋二郎・藤垣裕子『大人になるためのリベラルアーツ』東京大学出版会、二〇一六年、二七一頁参照。
(28) 同、第四章。

＊文中および注のURLはすべて二〇二一年六月三〇日現在のものである。

あとがき

思いがけず、前企画『村上陽一郎の科学論――批判と応答』（新曜社）が若い友人たちのお骨折りで刊行されてから八年が経過しようとしています。何となく、前企画では、後輩たちの間では、些かのコンプライアンスの発揮もあって、サンドバッグを叩き損ねた、という心残りもあったのではないでしょうか、再度の企画を考えて下さる方々のお蔭で、本書が成立することになりました。余計なことかもしれませんが、「コンプライアンス」というカタカナ語は、現代社会のなかでは、専ら企業や役所の法令順守を問う際に使われることになっていて、一種のビッグ・ワード化していますが、本来は、英語の〈complete〉も類語で、元になったラテン語の動詞〈compleo〉は、簡潔な英訳は〈fill up〉、今風では車を「満タンにする」が最も決まっている表現になるかもしれない言葉です。これが人間相手に使われるときには、「慇懃さを示す」（相手の心を満たす）、もっと直接的には「追従する」、もっと悪くなると「諂《へつら》う」などの意味に通じる言葉だと思います。いや、前書で、若い友人たちに、その意味での「コンプライアンス」があった、などと失礼を陳べるつもりは全くありませんが、多少は「遠慮」くらいはして下さった方はおられたかもしれません。と、些か、ひねくれた解釈に浸りながら、今回は（も）皆さんが色々と興味ある論考を寄せて下さいました。

現役の多忙な方も多い中、この書の編集に力を注いで下さった方々、また貴重な寄稿者の方々、そしていつもながら困難な時節にも拘わらず出版に踏みきって下さった書肆に、深い感謝を捧げます。有難うございました。

と、これで終わるべきなのかもしれませんが、以下多少の饒舌をお許しください。今になると、学問を前進させるための力が自分には微塵も残っていないことを、哀しくもひしひしと感じます。過去にその力が十分にあったのか、とは問わないで下さい。今、コンピュータの画面を一時間眺めていると、眼がいうことを利かなくなります。本を読んでいても、外国語の本は勿論、日本語の本でさえ、やはり一時間で休憩をとりたくなります。第一、小さい活字だと、読むこと自体に難が生じます。時にルーペで確認する、という無様なことにもなります。つまり、今の私には過去を振り返ることしか許されていない、という現実に直面しているわけです。しかし、さて、それも朧げな視野の中に霞んでいるのでもあります。

そんな中で、科学と名の付く二つの領域、つまり科学の歴史と、科学の哲学という、小さな領域の中に住んでいた私が、もう一つの兄弟（と男性名詞で表現するのは、今では〈PC〈Political Correctness〉〉に反するのでしょうか）領域である科学の社会学をも視野に入れるようになった事情に関しては、前書でも話題にされることがありましたが、今回も、その点は、一つのポイントであったように思います。今科学史、科学哲学、科学社会学という慣行になった術語を使わずに、間に「の」を挟んだのは、勿論英語表現が〈history, philosophy, and sociology of science〉であることを考慮したからですが、もう一つ理由があります。科学社会学の生みの親と言われるロバート・マートンの主著『社会理論と社会構造』（みすず書房）が世に出たのは、原著では一九四九年、それが森東吾・森好夫・金沢実・中島竜太郎という訳者の努力で邦語に翻訳されたのが一九六一年でしたが、その邦訳の最後の章が「科学の社会学」とされていて、まさしく当時の訳者たちにとって、「の」を欠いた科学史・科学哲学の「弟分」としては、必ずしも認定されていなかったように思われるからです。

何が言いたかったかと言えば、私がその分野に視線を注ぐようになった昭和四〇年代、五〇年代（一九六〇年代後半から七〇年代）は、日本では科学社会学という概念は未定立で、訳語さえ定まっていなかったのです。世界的に見れば、マートン流の理念は確立され、別の観点から見れば、マルクシズム的な枠組みからの「社会化」された科学論という視点も、すでに一般的になっていたと思われます。その点で、明治以来の「西来」の発想に追い付こうとする性癖は健在であったことになります。

ただ、今振り返って、一つ心残りなのは、後にハイゼンベルクに関する著作を岩波書店から依頼された時に、多少調べて分かったことの始末を付けなかった点です。今では誰もが知っていますが、マンハッタン計画との関わりでも重要な論点の一つ、「ブッシュ・レポート」（*Science, the endless frontier*）に絡むことです。今更解説は要らないと思いますが、アメリカ戦時下に敷いた臨戦態勢の一つとして、一九四〇年に設立されたＮＤＲＣ（National Defense Research Committee）、さらにはその発展形となって、現在も連邦政府の重要部局となっているＯＳＲＤ（Office of Scientific Research and Development）の創設にも、主導的な役割を果したヴァネヴァー・ブッシュ（Vannevar Bush, 一八九〇―一九七四）が、太平洋戦争末期、ローズヴェルト大統領の求めに応じて書いた、戦後処理ともいえる科学技術政策に関するレポートがそれです。

念のために書いておきますが、このレポートは、ローズヴェルトがブッシュの進言の下で造り上げた、科学・技術の成果と、それを達成した人々の頭脳を、如何に効率よく「搾取」(exploit) するか、という点を追求した、戦時下の特殊な環境のなかで造り上げたＮＤＲＣやＯＳＲＤ、そして、その最も「成功した」例となったマンハッタン計画などの制度を、平和が戻った時にも、人々の了解の下で、維持・発展するには、どのようにすべきか、ローズヴェルトが、その問題意識によって、一九四四年末に、ブッシュにレポートを要求した結果でしたが、しかしブッシュがそれを書き上げた時には、二つの齟齬が起こっていました。一つは、当のローズヴェルトが、レポートの仕上がる前、翌年四月に急逝したことでした。結果的に、レポートは、副大統領であったトゥルーマンが急遽大統領職を継いだので、彼の手に委ねられたことです。

もう一つの齟齬は、第二次世界大戦、太平洋戦争が終結した一九四五年以降、世界にローズヴェルトが期待したような平和は訪れませんでした。例えば一九四六年Ｗ・チャーチル(その時は既に彼はイギリスの首相の地位を退いていましたが) は、招かれたアメリカに滞在中、次のような演説をしています。

「今やバルト海に面したシュッティンから、アドリア海に面するトリエステまで、大陸を横切って〈iron curtain〉が降ろされている。」

恐らく「鉄のカーテン」という表現の出所は、この演説にある、というのが一般の了解のようですが、とにかく、大戦終結の翌年にはすでに、ソ連邦を一方の極とし、アメリカを他方の極とする東西の国際的な対立が顕在化し、所謂〈cold war〉が始まり、それは朝鮮半島で、或いはヴィエトナムで、あるいはその他の地域でも、時に血を洗う〈hot war〉にも発展したことです。言い換えれば、大戦終結後も、世界はほとんど「臨戦態勢」を崩すことができるには至らなかったのです。

しかし、それはそれとして、このブッシュ・レポート『科学――限りなきフロンティア』は、言わば「科学政策」と呼ぶべき一つのジャンルを創設することにもなった、と思われます。それまで、科学は、基本的に科学者の好奇心の赴くままに、科学者の手にすべてが任されていました。科学社会学の祖であるマートンに言わせれば、科学は、研究を通じて行われる知識の生産、その蓄積、流通、搾取、評価などすべてが科学者が造る共同体の内部に、閉鎖的に限定されて行われてきました。イギリスでは〈gentleman scientist〉という言葉も生まれました。要するに、生活に困らない自由人が自分の好奇心に任せて自然の謎を追求する、それが「科学者」の姿だ、というところからきた言葉です。政府が科学研究に介入するなど、「ガリレオ事件」と同じではないか。

実際、アメリカでは、ボルティモア事件として知られる、ノーベル医学・生理学賞受賞者のボルティモア（David Baltimore, 一九三八―）の研究室内で起こったトラブルが外部化されたとき、下院議員ディンゲル（John Dingell, 一九二六―二〇一九）は、売名的な意味もあったのか、調査委員会を組織して調査に乗り出したのですが、この時は、全米の科学者が「第二のガリレオ事件」だと激しく抗議したという出来事もありました。余計なことですが、ディンゲルは下院議員として、アメリカ史上最長の経歴を誇り、また対日強硬派の先兵として全米に名を轟かせた人物です。ここでのポイントは、科学者は、外部、特に政治権力の介入に極めて敏感である、というところにありました。

しかし、ブッシュの構想は、研究の内部に政治が立ち入ることには極めて慎重な立場を崩さなかったこともあり、研究者からは概ね好意をもって受け容れられたと言えます。つまり、政治と科学研究との間の関わりに関して、ブッシュの構想は、標準的な、どちらの側をも満足させる可能性のある性格のものであったと言えましょう。この出来事は、「科学社会学」の中で論じられることの多いものですが、私は、むしろ、科学哲学・科学史のもう一つの兄弟として、「科学政治学」という分野の出発を意味するものではなかったか、ということを永らく感じていました。先に述べた「心残り」がある、というのは、このことに気づきながら、メッセージの発信を怠った、という点にあります。

かつて、アメリカを代表するジャーナリストの一人W・リップマン（Walter Lippmann, 一八八九—一九七四）は、「冷戦」という言葉を一般化させた人物でもありますが（その一九四七年刊行の著〈*The Cold War: a Study in U. S. Foreign Policy*〉参照）、最も著名な『輿論』（*Public Opinion*, 一九二二年）のなかで、正しく輿論を形成できるのは、新聞や雑誌のようなジャーナリズムではなく、それなりの組織体が必要で、それを「政治学」と定義していました。恐らくアメリカで、この定義にほぼ合致するのはブルッキングス研究所（Brookings Institute）のような機関だと思われます。この研究所の創設は一九一六年ですが、今のような政治学に特化した研究機関としての態勢を整えたのは一九二七年であったとされます。

何が言いたかったかと言えば、政治権力に中立的で、しかし、充分な客観的な見識をもって、政策上の助言ができる機関は、政府との距離感も含めて、その存在自体が非常に難しいと考えられ、日本では、例えばそうした機関への期待を込めて二〇〇七年に発足した総合研究開発機構（通称ＮＩＲＡ）も、現在では期待通りの役割を果たしているとは言い難い状況にあります。そのような事情の中で、政治学という学問そのものの存立もまた、中々社会のなかに、しっかりと根を張っていくことが困難なところが見えないでもないのですが、ここで漸く、本筋の話に戻れば、ブッシュ主義の成立に伴って、「科学政治学」というジャンルの基礎固めをすべきであったのでは、という想いに今囚われています。政治権力との距離の問題でも、通常の政治学よりは、より客観的な立場で対処できる世界ではないか、という想いもあります。

アメリカの政治学者G・ケナン（George Frost Kennan, 一九〇三―二〇〇五）は、その著『二十世紀を生きて――ある個人と政治の哲学』（関元訳、同文書院インターナショナル、原著は *Around the Cragged Hill*, 一九九三年）の中で、次のような意味のことを述べています。〈政治は文明生活に普遍的な特徴で、どんな社会にあっても、政治は絶対に不可欠であり、そのあり得ない対極は無政府状態である〉。この点は、遥かに遡って、J・ロック（John Loche, 一六三二―一七〇四）が、すでに『統治二論』（加藤節訳、岩波文庫、上下、原著は *The Two Treatises of Government*, 一六八九年）において、「自然状態」という、ケナンの言う無政府状態では、個人が神から与えられた本来の権利とも言える、生命・自由・所有は、人間社会の統治組織抜きには、常に危険、剥奪の可能性に晒されるのだから、そこから脱するには、人々が自らの意志で選んだ代理人たちに、それらの保護を委任する形で、政治を組織化するしか方法はない、と説いています。因みに、このロックの主張は、近代社会における個人の基本的人権の概念、民主主義的政府論、そしてここでは触れませんが、その後で論じられている政府を交代させる権利（革命権）にまで触れたものとして、最大の意味を持つ文章と考えられています。

饒舌を重ねたようですが、人間社会において、不可欠である「政治」という概念を抜きにして、何事も語れない、ということを再確認したかったからです。しかも、学問の世界は、こうした政治に介入することを潔しとしない傾向があることは否定できません。政治に関わると、「御用学者」の汚名が忽ち被せられる、という悪弊も、なしとしません。しかし、一九九五年に日本の国会を通った「科学技術基本法」（その後「科学技術・イノベーション基本法」と改定）にしても、あるいは、学術会議を巡る政治と学問の世界とのきしみにしても、現下の日本で、科学・技術に関わる人間が、政治に背を向けていては、全く対応できない事態が生じていることは、明白ではないでしょうか。個人が持つ政治的イデオロギーは様々でしょうが、一旦それを棚上げにして、科学・技術と政治との関わりを論ずる学問的基盤が、今どうしても必要ではないか、と思います。

「科学政治学」を提唱する所以です。すっかり老耄の身となり、学問を前進させるエネルギーが枯渇してしまった年配者、そう、伊東俊太郎先生も他界されてしまった今、この分野で取り残されている僅かな数の人間の一人が残す、遺言のように受け取って戴いても構いません。多くの頼もしい後輩たちの中から、この困難な仕事に身を寄せて下さる方が少しでもおられれば、まことに幸いと思うのです。

二〇二五年初春

村上陽一郎

村上陽一郎 略歴・役職歴

略歴

1936年 東京に生まれる
1962年 東京大学教養学部教養学科（科学史科学哲学分科）卒業
1968年 東京大学大学院人文科学研究科比較文学・比較文化専攻博士課程単位取得満期退学
1965年 上智大学理工学部助手、文学部講師を経て、71年理工学部助教授
1973年 東京大学教養学部助教授、86年教授
1989年 東京大学先端科学技術研究センター教授
1993年 東京大学先端科学技術研究センター長
1995年 東京大学退官、97年東京大学名誉教授
1995年 国際基督教大学教養学部教授、オスマー記念科学特別教授、大学院教授を歴任
2007年 東京大学大学院総合文化研究科科学技術インタープリター養成プログラム特任教授
2008年 国際基督教大学退任後、客員教授、名誉教授
2009年 東京理科大学大学院科学教育研究科嘱託教授、同研究科長
2010年 東洋英和女学院大学学長
2014年 東洋英和女学院大学退任
2018年 豊田工業大学次世代文明センター長。23年顧問

政府等の委員・役職歴

OECD 科学技術政策委員会　副議長・委員
UNESCO-COMEST（World Commission on the Ethics of Scientific Knowledge and Technology）委員
科学技術会議　政策委員会　委員
文部科学省　社会技術フォーラム　委員
文部科学省　社会技術研究システム・公募型プログラム　領域統括
科学技術振興機構社会技術研究開発センター　科学技術と社会の相互作用領域総括
日本学術振興会　先端科学（FoS）シンポジウム事業委員会　委員長
経済産業省　原子力安全・保安院　検査の在り方に関する検討会　委員
経済産業省　原子力安全・保安院保安部会　委員（部会長）
日本アスペン研究所副理事長
など

　２月
編著『「専門家」とは誰か』晶文社，2022年10月

▶2023年

○『音楽　地の塩となりて』平凡社，2023年９月

▶2025年

○『科学史家の宗教論ノート』中公新書ラクレ，2025年１月

Noriko Kawamura, Yoichiro Murakami and Shin Chiba (eds.), *Building New Pathways to Peace*, Seattle: University of Washington Press, 2011.

▶2012年

○『私のお気に入り――観る・聴く・探す』創美社発行，集英社発売，2012年２月

▶2014年

○『エリートたちの読書会』毎日新聞社，2014年４月

○『奇跡を考える――科学と宗教』講談社学術文庫，2014年12月。初版は1996年

▶2015年

○『科学の本一〇〇冊』河出書房新社，2015年12月

▶2016年

共著『村上陽一郎の科学論――批判と応答』柿原泰・加藤茂生・川田勝編，新曜社，2016年12月

▶2017年

○『移りゆく社会に抗して――三・一一の世紀に』青土社，2017年７月

▶2018年

○『〈死〉の臨床学――超高齢社会における「生と死」』新曜社，2018年３月

○『日本近代科学史』講談社学術文庫，2018年９月。初版は1968年，新版は1977年，原題『日本近代科学の歩み』を改題

▶2020年

○『死ねない時代の哲学』文春新書，2020年２月

編著『コロナ後の世界を生きる――私たちの提言』岩波新書，2020年７月

村上陽一郎・中村桂子・西垣通『ウイルスとは何か――コロナを機に新しい社会を切り拓く』藤原書店，2020年11月

H. コリンズ，T. ピンチ『解放されたゴーレム――科学技術の不確実性について』村上陽一郎・平川秀幸訳，ちくま学芸文庫，2020年11月。初版は2001年，原題『迷路のなかのテクノロジー』を改題

▶2021年

○『文化としての科学／技術』岩波現代文庫，2021年３月。初版は2001年

○『科学史・科学哲学入門』講談社学術文庫，2021年３月。初版は1977年，原題『科学・哲学・信仰』を改題

▶2022年

○『エリートと教養――ポストコロナの日本考』中公新書ラクレ，2022年

Yoichiro Murakami, Noriko Kawamura, and Shin Chiba (eds.), *Toward a Peaceable Future: Redefining Peace, Security, and Kyosei from a Multidisciplinary Perspective*, Washington: Washington State University Press, March 2005.

▶2006年

○『工学の歴史と技術の倫理』岩波書店，2006年６月。初版は2001年，原題『工学の歴史』を改題

アーサー・ケストラー『偶然の本質――パラサイコロジーを訪ねて』村上陽一郎訳，ちくま学芸文庫，2006年７月。初版は1974年

○『文明の死／文化の再生』双書時代のカルテ，岩波書店，2006年12月

▶2007年

ポール・K. ファイヤアーベント『知についての三つの対話』村上陽一郎訳，ちくま学芸文庫，2007年７月。初版は1993年，原題『知とは何か――三つの対話』を改題

編著『近代化と寛容』ICU21世紀 COE シリーズ第２巻，風行社，2007年９月

▶2008年

○『科学・技術の二〇〇年をたどりなおす』NTT 出版，2008年３月

Yoichiro Murakami and Thomas J. Schoenbaum (eds.), *A Grand Design for Peace and Reconciliation: Achieving Kyosei in East Asia*, Cheltenham: Edward Elgar Publishing, 2008.

▶2009年

○『あらためて教養とは』新潮文庫，2009年４月。初版は2004年，原題『やりなおし教養講座』を改題

村上陽一郎・千葉眞編『平和と和解のグランドデザイン――東アジアにおける共生を求めて』ICU21世紀 COE シリーズ第10巻，風行社，2009年11月

スティーヴ・フラー『知識人として生きる――ネガティヴ・シンキングのポジティヴ・パワー』村上陽一郎・岡橋毅・住田朋久・渡部麻衣子訳，青土社，2009年12月

▶2010年

○『人間にとって科学とは何か』新潮選書，2010年６月

編著『日本の科学者101』新書館，2010年10月

▶2011年

○『あらためて学問のすすめ――知るを学ぶ』河出書房新社，2011年12月

▶**2001年**

○『生と死への眼差し』新装版，青土社，2001年１月。初版は1993年

アブラハム・パイス『アインシュタインここに生きる』村上陽一郎・板垣良一訳，産業図書，2001年３月

○『文化としての科学／技術』岩波書店，2001年４月。2021年に岩波現代文庫

H. コリンズ，T. ピンチ『迷路のなかのテクノロジー』村上陽一郎・平川秀幸訳，化学同人，2001年５月。2020年に『解放されたゴーレム』と改題のうえ，ちくま学芸文庫

○『工学の歴史』岩波講座現代工学の基礎　技術関連系1，岩波書店，2001年７月。2006年に『工学の歴史と技術の倫理』と改題のうえ再刊

大貫隆・島薗進・高橋義人・村上陽一郎編『グノーシス　陰の精神史』岩波書店，2001年９月

大貫隆・島薗進・高橋義人・村上陽一郎編『グノーシス　異端と近代』岩波書店，2001年11月

▶**2002年**

伊東俊太郎・広重徹・村上陽一郎『思想史のなかの科学』平凡社ライブラリー，2002年４月。初版は1975年，1996年に改訂新版

○『西欧近代科学――その自然観の歴史と構造』新版，新曜社，2002年５月。初版は1971年

○『近代科学と聖俗革命』新版，新曜社，2002年７月。初版は1976年

○『生命を語る視座――先端医療が問いかけること』NTT 出版，2002年10月

村上陽一郎・橋本廸生・森田立美・西村健司・熊谷孝三・前田和彦『リスクマネジメント――医療内外の提言と放射線部の実践』医療科学新書，2002年10月

▶**2003年**

○『安全学の現在――対談集』青土社，2003年３月

○『科学史からキリスト教をみる』創文社，2003年３月

森岡恭彦・村上陽一郎・養老孟司編『新医学概論』産業図書，2003年10月

▶**2004年**

○『やりなおし教養講座』NTT 出版，2004年12月。2009年に『あらためて教養とは』と改題のうえ新潮文庫

▶**2005年**

○『安全と安心の科学』集英社新書，2005年１月

伊東俊太郎・広重徹・村上陽一郎『思想史のなかの科学』改訂新版，広池学園出版部，1996年４月。初版は1975年，2002年に平凡社ライブラリー
○『宇宙像の変遷』講談社学術文庫，1996年６月。初版は1987年，1991年に改訂版
○『医療――高齢社会へ向かって』20世紀の日本９，読売新聞社，1996年７月
○『奇跡を考える』叢書現代の宗教７，岩波書店，1996年11月。2014年に講談社学術文庫
▶1997年
○『新しい科学史の見方』NHK 人間大学テクスト，日本放送出版協会，1997年１月
ポール・ファイヤアーベント『哲学、女、唄、そして…　――ファイヤアーベント自伝』村上陽一郎訳，産業図書，1997年１月
河合隼雄・村上陽一郎編『内なるものとしての宗教』現代日本文化論12，岩波書店，1997年８月
村上陽一郎・武藤義一・向坊隆『科学とともに生きる』リブリオ出版，1997年11月
▶1998年
○『ハイゼンベルク――二十世紀の物理学革命』講談社学術文庫，1998年９月。初版は1984年
○『安全学』青土社，1998年12月
▶1999年
○『科学・技術と社会――文・理を越える新しい科学・技術論』光村教育図書，1999年１月
柳瀬睦男・村上陽一郎・川田勝編『日常性のなかの宗教――日本人の宗教心』南窓社，1999年１月
村上陽一郎・細谷昌志編『宗教の原初とあらわれ』叢書・転換期のフィロソフィー第４巻，ミネルヴァ書房，1999年５月
▶2000年
樺山紘一・高田勇・村上陽一郎編『ノストラダムスとルネサンス』岩波書店，2000年２月
編著『21世紀の「医」はどこに向かうか――医療・情報・社会』NTT 出版，2000年３月
○『科学の現在を問う』講談社現代新書，2000年５月

▶**1992年**

猪瀬博・村上陽一郎『研究教育システム』朝倉書店，1992年12月

▶**1993年**

P. K. ファイヤアーベント『知とは何か――三つの対話』村上陽一郎訳，新曜社，1993年7月。2007年に『知についての三つの対話』と改題のうえちくま学芸文庫

バーナード・コーエン編，バーナード・コーエン総編集『マクミラン世界科学史百科図鑑2　15世紀～18世紀』村上陽一郎監訳，原書房，1993年7月

井口潔・藤澤令夫・村上陽一郎・飯島宗一『科学と文化――人間探求の立場から』名古屋大学出版会，1993年7月

○『生と死への眼差し』青土社，1993年9月。2001年に新装版

本間三郎・村上陽一郎編『脳と心はどこまでわかったか』中山書店，1993年9月

A. C. フェビアン編『起源をたずねて』村上陽一郎・養老孟司監訳，産業図書，1993年9月

ピアーズ・ウィリアムズ編，バーナード・コーエン総編集『マクミラン世界科学史百科図鑑3　19世紀』村上陽一郎監訳，原書房，1993年11月

▶**1994年**

アンヌ・ドゥクロス『水の世界――地球・人間・象徴体系』近藤真理訳・村上陽一郎監訳，TOTO出版，1994年1月.

○『文明のなかの科学』青土社，1994年6月

村上陽一郎・ひろさちや『現代科学・発展の終焉――生命との対話　村上陽一郎VS. ひろさちや対談集』主婦の友社，1994年6月

○『科学者とは何か』新潮選書，1994年10月

▶**1995年**

○『科学史の逆遠近法――ルネサンスの再評価』講談社学術文庫，1995年2月。初版は1982年

S. サンブルスキーほか『言葉と創造』村上陽一郎・市川裕・松代洋一・桂芳樹訳，平凡社，1995年6月

J. ザイマン『縛られたプロメテウス』村上陽一郎・川崎勝・三宅苞訳，シュプリンガー・フェアラーク東京，1995年12月

▶**1996年**

大井玄・堀原一・村上陽一郎編『医療原論――医の人間学』弘文堂，1996年4月

▶**1988年**

編著『科学の名著　第２期３　近代熱学論集』朝日出版社，1988年４月

R. ハマーシュタイン，C. V. パリスカ，J. フィリップ，J. ハー，G. L. フィニー『天の音楽・地の音楽』鈴木晶・村上陽一郎・塚本明子訳，平凡社，1988年５月

編著『先端技術と社会』「週刊朝日百科　日本の歴史」第130号，朝日新聞社，1988年10月23日

▶**1989年**

編著『現代科学論の名著』中公新書，1989年５月

編著『心のありか』シリーズ・人間と文化３，東京大学出版会，1989年７月

伊東俊太郎・村上陽一郎編『講座科学史１　西欧科学史の位相』培風館，1989年９月

伊東俊太郎・村上陽一郎編『講座科学史２　社会から読む科学史』培風館，1989年９月

伊東俊太郎・村上陽一郎編『講座科学史３　比較科学史の地平』培風館，1989年10月

伊東俊太郎・村上陽一郎編『講座科学史４　日本科学史の射程』培風館，1989年10月

ジョン・R. ピアース『音楽の科学――クラシックからコンピュータ音楽まで』村上陽一郎訳，日経サイエンス社，1989年11月

▶**1990年**

M. ドゥ・メイ『認知科学とパラダイム論』村上陽一郎・成定薫・杉山滋郎・小林傳司訳，産業図書，1990年３月

E. シャルガフ『ヘラクレイトスの火――自然科学者の回想的文明批判』村上陽一郎訳，岩波書店，同時代ライブラリー，1990年10月。初版は1980年

○『科学史はパラダイム変換するか』三田出版会，1990年11月

▶**1991年**

○『宇宙像の変遷』改訂版，放送大学教育振興会，1991年３月。初版は1987年，1996年に講談社学術文庫

ルイス・S. フォイヤー『アインシュタインと科学革命――世代論的・社会心理学的アプローチ』村上陽一郎・成定薫・大谷隆昶訳，法政大学出版局，1991年７月。初版は1977年

○『物理科学史』放送大学教育振興会，1985年３月
コリン・ロナン『図説科学史』村上陽一郎監訳，東京書籍，1985年３月
村上陽一郎・豊田有恒『神の意志の忖度に発す――科学史講義』朝日出版社，1985年４月
○『歴史から見た科学』女子パウロ会，1985年８月
M. L. R. ボネリ，W. R. シェイ編『科学革命における理性と神秘主義』村上陽一郎・横山輝雄・大谷隆昶訳，新曜社，1985年９月
スティーヴ・トーランス編『AI と哲学――英仏共同コロキウムの記録』村上陽一郎監訳，産業図書，1985年11月

▶1986年

○『「科学的」って何だろう――科学の歴史の落ち穂を拾う』ダイヤモンド社，1986年１月
A. G. ディーバス『ルネサンスの自然観――理性主義と神秘主義の相克』伊東俊太郎・村上陽一郎・橋本眞理子訳，サイエンス社，1986年２月
L. ローダン『科学は合理的に進歩する――脱パラダイム論へ向けて』村上陽一郎・井山弘幸訳，サイエンス社，1986年５月
○『技術とは何か――科学と人間の視点から』日本放送出版協会，1986年６月
イムレ・ラカトシュ『方法の擁護――科学的研究プログラムの方法論』村上陽一郎・井山弘幸・小林傳司・横山輝雄訳，新曜社，1986年６月
N. R. ハンソン『科学的発見のパターン』村上陽一郎訳，講談社学術文庫，1986年６月。初版は1971年
○『時間の科学』岩波書店，1986年９月
マリー・ヘッセ『知の革命と再構成』村上陽一郎・横山輝雄・鬼頭秀一・井山弘幸訳，サイエンス社，1986年９月
○『近代科学を超えて』講談社学術文庫，1986年11月。初版1974年
ポール・M. チャーチランド『心の可塑性と実在論』村上陽一郎・小林傳司・信原幸弘訳，紀伊國屋書店，1986年12月

▶1987年

杉本大一郎・村上陽一郎『物理の考え方』平凡社，1987年２月
○『宇宙像の変遷』放送大学教育振興会，1987年３月。1991年に改訂版，1996年に講談社学術文庫
C. A. パトリディーズほか『存在の連鎖』村上陽一郎・村岡晋一ほか訳，平凡社，1987年８月

▶**1981年**

P. K. ファイヤアーベント『方法への挑戦――科学的創造と知のアナーキズム』村上陽一郎・渡辺博訳，新曜社，1981年３月

編著『時間と人間』東京大学教養講座３，東京大学出版会，1981年３月

編著『時間と進化』東京大学教養講座４，東京大学出版会，1981年11月

編著『知の革命史７　技術思想の変遷』朝倉書店，1981年11月

▶**1982年**

○『科学史の逆遠近法――ルネサンスの再評価』中央公論社，1982年６月。1995年に講談社学術文庫

P. K. ファイヤアーベント『自由人のための知――科学論の解体へ』村上陽一郎・村上公子訳，新曜社，1982年６月

ジョン・G. テイラー『現代科学の基礎知識――生命・人間・宇宙科学のルーツと行方』村上陽一郎訳，学習研究社，1982年６月

編著『知の革命史２　運動力学と数学との出会い』朝倉書店，1982年10月

▶**1983年**

○『ペスト大流行――ヨーロッパ中世の崩壊』岩波新書，1983年３月

○『歴史としての科学』筑摩書房，1983年９月

フィリップおよびフィリス・モリソン，チャールズおよびレイ・イームズ事務所編『Powers of ten――宇宙・人間・素粒子をめぐる大きさの旅』村上陽一郎・村上公子訳，日経サイエンス，1983年10月

▶**1984年**

E. H. アッカークネヒト『ウィルヒョウの生涯――19世紀の巨人＝医師・政治家・人類学者』舘野之男・村上陽一郎・河本英夫・溝口元訳，サイエンス社，1984年３月

A. ブラニガン『科学的発見の現象学』村上陽一郎・大谷隆昶訳，紀伊國屋書店，1984年４月

○『非日常性の意味と構造』海鳴社，1984年６月

○『ハイゼンベルク』岩波書店，20世紀思想家文庫，1984年７月。1998年に講談社学術文庫

▶**1985年**

大橋力・小田晋・日高敏隆・村上陽一郎『情緒ロボットの世界』講談社，1985年１月

村上陽一郎チーム『科学・技術の歴史的展望（大蔵省委託研究，ソフトノミックス・フォローアップ研究会報告書）』大蔵省大臣官房調査企画課財政金融研究室編，大蔵省印刷局，1985年２月

治信春訳，東京図書，1975年12月

▶1976年

C. G. ユング，W. パウリ『自然現象と心の構造——非因果的連関の原理』河合隼雄・村上陽一郎訳，海鳴社，1976年1月

渡辺慧『知識と推測4　科学的認識論——量子論理と情報』村上陽一郎・丹治信春訳，東京図書，1976年3月

○『近代科学と聖俗革命』新曜社，1976年4月。新版2002年

▶1977年

○『科学・哲学・信仰』第三文明社，レグルス文庫，1977年1月。2021年に『科学史・科学哲学入門』と改題のうえ講談社学術文庫

ルイス・S. フォイヤー『アインシュタインと科学革命——世代論的・社会心理学的アプローチ』村上陽一郎・成定薫・大谷隆昶訳，文化放送開発センター出版部，1977年4月。1991年に法政大学出版局から再刊

○『日本近代科学の歩み』新版，三省堂選書，1977年8月。初版は1968年。2018年に『日本近代科学史』と改題のうえ講談社学術文庫

▶1979年

○『新しい科学論——「事実」は理論をたおせるか』講談社ブルーバックス，1979年1月

○『科学と日常性の文脈』海鳴社，1979年4月

イアン・ヒンクフス『時間と空間の哲学』村上陽一郎・熊倉功二訳，紀伊國屋書店，1979年4月

編著『知の革命史6　医学思想と人間』朝倉書店，1979年9月

フリードリッヒ・ヘルネック『知られざるアインシュタイン——ベルリン1927-1933』村上陽一郎・村上公子訳，紀伊國屋書店，1979年12月

▶1980年

○『科学と人間』富山県教育委員会，1980年1月

○『日本人と近代科学』新曜社，1980年1月

編著『知の革命史4　生命思想の系譜』朝倉書店，1980年2月

○『現代医療と人間』聖教新聞社，1980年6月

○『動的世界像としての科学』新曜社，1980年6月

E. シャルガフ『ヘラクレイトスの火——自然科学者の回想的文明批判』村上陽一郎訳，岩波書店，1980年9月。1990年に同時代ライブラリー

編著『知の革命史1　科学史の哲学』朝倉書店，1980年9月

○『科学のダイナミックス——理論転換の新しいモデル』サイエンス社，1980年10月

村上陽一郎 主要著作リスト

（単著のすべて，主な編著書および共著書，主な訳書）
単著には行頭に丸印を付した。

▶1968年

ウィリアム・P. オルストン『ことばの哲学』村上陽一郎訳，哲学の世界５，培風館，1968年１月

○『日本近代科学の歩み――西欧と日本の接点』三省堂新書，1968年９月。新版1977年，2018年に『日本近代科学史』と改題のうえ講談社学術文庫

▶1971年

○『西欧近代科学――その自然観の歴史と構造』新曜社，1971年４月。新版2002年

N. R. ハンソン『科学理論はいかにして生まれるか――事実から→原理へ』村上陽一郎訳，講談社，1971年12月。1986年に『科学的発見のパターン』と改題のうえ講談社学術文庫

▶1973年

T. バスティン編『量子力学は越えられるか』柳瀬睦男・村上陽一郎・黒崎宏・丹治信春訳，東京図書，1973年12月

▶1974年

アーサー・ケストラー『偶然の本質』村上陽一郎訳，蒼樹書房，1974年５月。2006年に改訳新版，ちくま学芸文庫

○『近代科学を超えて』日本経済新聞社，1974年10月。1986年に講談社学術文庫

▶1975年

広重徹・伊東俊太郎・村上陽一郎『思想史のなかの科学』木鐸社，1975年３月。1996年に広池学園出版部から改訂新版，2002年に平凡社ライブラリー

渡辺慧『知識と推測１　科学的認識論――情報の構造』村上陽一郎・丹治信春訳，東京図書，1975年６月

渡辺慧『知識と推測２　科学的認識論――演繹と帰納の数理』村上陽一郎・丹治信春訳，東京図書，1975年10月

渡辺慧『知識と推測３　科学的認識論――認知と再認知』村上陽一郎・丹

ま　行

や　行

ら　行

わ　行

な　行

は　行

た　行

さ　行

か 行

事項・書名索引

0-9 A-Z

あ 行

ま　行

や　行

ら　行

わ　行

さ　行

た　行

な　行

は　行

人名索引

執筆者紹介（五十音順）

市野川容孝（いちのかわ やすたか）

1964年生まれ。東京大学大学院社会学研究科博士課程単位取得満期退学。専門、社会学。現在、東京大学大学院総合文化研究科教授。著書：『優生学と人間社会』（共著、講談社現代新書、2000年）、『社会』（岩波書店、2006年）など。

小松美彦（こまつ よしひこ）

1955年生まれ。東京大学大学院理学系研究科科学史・科学基礎論専攻博士課程単位取得退学。博士（学術）。専門、科学史・科学論、生命倫理学。現在、東京大学大学院総合文化研究科客員教授。著書：『増補決定版　自己決定権という罠――ナチスから新型コロナ感染症まで』（現代書館、2020年）、『生権力の歴史――脳死・尊厳死・人間の尊厳をめぐって』（青土社、2012年）など。

斎藤 光（さいとう ひかる）

1956年生まれ。東京大学大学院理学系研究科科学史・科学基礎論専門課程修士課程修了。専門、科学史・科学論、近代社会文化誌。現在、京都精華大学マンガ学部教員。著書：『幻の「カフェー」時代――夜の京都のモダニズム』（淡交社、2020年）、『幻想の性――衰弱する身体』（洋泉社、2005年）など。

林 真理（はやし まこと）

1963年生まれ。東京大学大学院理学系研究科科学史・科学基礎論専攻博士課程単位取得退学。専門、科学技術論。現在、工学院大学教授。著書：『技術者の倫理』（共著、コロナ社、2015年）、『コミュニタリアニズムの世界』（共著、勁草書房、2013年）など。

廣野喜幸（ひろの よしゆき）

1960年生まれ。東京大学大学院理学系研究科相関理化学専攻博士課程修了。理学博士。専門、科学史・科学論、進化生態学。現在、東京大学大学院総合文化研究科教授。著書：『サイエンティフィック・リテラシー』（丸善、2013年）、『科学コミュニケーション論の展開』（共編著、東京大学出版会、2023年）など。

藤垣裕子（ふじがき ゆうこ）

1962年生まれ。東京大学大学院総合文化研究科広域科学専攻博士課程修了。博士（学術）。専門、科学技術社会論。現在、東京大学大学院総合文化研究科教授。著書：『科学者の社会的責任』（岩波書店、2018年）、『科学技術社会論の挑戦Ⅰ～Ⅲ』（編著、東京大学出版会、2020年）など。

村上陽一郎（むらかみ よういちろう）

巻末の略歴、主要著作リストを参照。

編者紹介

柿原 泰（かきはら やすし）

1967年生まれ。東京大学大学院総合文化研究科博士課程単位取得退学（科学史・科学哲学研究室）。専門、科学史・科学技術論。現在、東京海洋大学教授。著書：『よくわかる現代科学技術史・STS』（共編著、ミネルヴァ書房、2022年）、『無知学への招待――〈知らないこと〉を問い直す』（共著、明石書店、2025年）など。

加藤茂生（かとう しげお）

1967年生まれ。東京大学大学院総合文化研究科博士課程単位取得退学（科学史・科学哲学研究室）。専門、科学史・科学論。現在、早稲田大学准教授。著書：『科学技術社会史――帝国主義研究視閾中的科学技術』（共著、瀋陽：遼寧科学技術出版社、2008年）、『マイクロ・ヒストリー、100年前の東アジアの医師たちに出会う』（共著、ソウル：大学社、2009年）など。

萩原優騎（はぎわら ゆうき）

1978年生まれ。国際基督教大学大学院比較文化研究科博士後期課程修了。博士（学術）。専門、倫理学・社会学。現在、東京海洋大学准教授。著書：『近代化と寛容』（共著、風行社、2007年）、『リベラルアーツは〈震災・復興〉とどう向きあうか』（共著、風行社、2016年）など。

新曜社

村上陽一郎の〈科学・技術と社会〉論

その批判的継承と発展

初版第1刷発行　2025年3月25日

編　者　柿原泰・加藤茂生・萩原優騎

発行者　堀江利香

発行所　株式会社　新曜社

〒101-0051

東京都千代田区神田神保町3-9

電話（03）3264-4973（代）・FAX（03）3239-2958

e-mail　info@shin-yo-sha.co.jp

URL　https://www.shin-yo-sha.co.jp/

印刷所　星野精版印刷

製本所　積信堂

ISBN978-4-7885-1876-6 C1040

好評の科学関連書

柿原泰・加藤茂生・川田勝 編／村上陽一郎ほか 著
村上陽一郎の科学論 批判と応答
「聖俗革命」「逆遠近法」などの概念で科学史・科学哲学に新風を吹き込んだ村上科学論。気鋭の論客によるその評価をめぐる批判と、村上による学問的自伝をからめた真摯な応答。
四六判436頁
本体3900円

村上陽一郎 著
〈死〉の臨床学 超高齢社会における「生と死」
「なかなか死ねない時代」に、人はいかに死ねばよいのか。この近代社会が遠ざけてきた最大のタブーに、科学論・安全学の泰斗が正面から挑む。いま最も読まれるべき書。
四六判230頁
本体1600円

井山弘幸 著
パラドックスの科学論 科学的推論と発見はいかになされるか
「パラドックス」というレンズを通して、科学的思考の現場にせまる一級の科学読み物。
四六判334頁
本体2800円

ピーター・バーク 著／井山弘幸・城戸淳 訳
知識の社会史1 知と情報はいかにして商品化したか
人類が知識と情報を発見し、分類し、管理し、商品化してきた歴史を雄大な構想で展望。
四六判410頁
本体3400円

ピーター・バーク 著／井山弘幸 訳
知識の社会史2 百科全書からウィキペディアまで
知はいかに社会制度となり資本主義世界に取り入れられたか。好評1巻の完結編。
四六判536頁
本体4800円

（表示価格は税抜き）

新曜社